THÉORIE UNITAIRE

DU MÊME AUTEUR

OUVRAGES DE PHYSIQUE

Eléments d'une théorie unitaire d'Univers, Editions de la Grange Batelière, Paris, et aux Editions Kister, Genève, 1962.

Relativité générale, mêmes éditeurs, 1963.

La crise actuelle de la physique, mêmes éditeurs, 1966.

Cours de théorie relativiste unitaire, Albin Michel, Paris, 1969.

OUVRAGES DE PHILOSOPHIE SCIENTIFIQUE

La connaissance de l'Univers, au Seuil, 1961, prix Nautilus 1962, traduit en espagnol.

Du temps, de l'espace et des hommes, au Seuil, 1962, traduit en espagnol.

L'Homme à sa découverte, au Seuil, 1963, traduit en anglais.

De la physique à l'Homme, chez Denoël (Gonthier), 1965, traduit en espagnol.

Récentes découvertes sur la matière et la vie, chez Plon, 1966, traduit en espagnol.

L'Etre et le Verbe, Editions Planète, Paris, 1965.

Pourquoi la lune ? Editions Planète-Denoël, 1968, traduit en espagnol.

Les grandes énigmes de l'astronomie, Editions Planète-Denoël, 1967, traduit en espagnol.

Les conceptions de l'univers depuis 25 siècles, Hachette, Paris, 1970, traduit en anglais, allemand, espagnol, suédois et japonais.

L'âge de l'ordinateur, Hachette, Paris, 1971, traduit en espagnol.

Treize questions pour l'Homme moderne, Albin Michel, Paris, 1972, traduit en portugais.

L'Homme et l'Univers, Albin Michel, Paris, 1974.

OUVRAGES D'INFORMATIQUE

Cours d'initiation à l'ordinateur et à la programmation, tomes 1 et 2, édité par l'Institut Pratique d'Informatique, BP. 24, 91-Orsay, 1970.

Cours de Cobol, tomes 1, 2 et 3, même éditeur, 1970.

JEAN E. CHARON

Ingénieur - Physicien de l'École Supérieure de Physique et Chimie de Paris

THÉORIE UNITAIRE

ANALYSE NUMÉRIQUE DES ÉQUATIONS

ÉDITIONS ALBIN MICHEL
22, Rue Huyghens
PARIS

ISBN 978-2-226-32429-0

TABLE

INTRODUCTION 9

CHAPITRE I

Les axiomes de base

1. Enoncé 11
2. Commentaires 13
3. Définition de l'espace sub-observable 16

CHAPITRE II

Rappel des équations obtenues

1. Formalisme géométrique 22
2. Formalisme quantique 24
3. La description du « sub-observable » 24
4. Méthode générale utilisée pour les travaux d'analyse 25
   a) Solutions statiques 26
   b) Solutions périodiques 26
   c) Solutions d'évolution 27
   d) Solutions du cas général 28

CHAPITRE III

Les particules de matière et les interactions fortes

1. Les solutions statiques. Le neutrino 31
2. La symétrie sphérique 32
3. La solution d'évolution : densité cosmologique et graviton 34
4. Les particules stables de matière 36
   a) Création des premières particules 37
   b) Unicité de la masse propre stable μ_0 38
5. Principe du calcul des interactions dans le sub-observable 39
6. Le nucléon et les interactions fortes 41
   a) Densités et dimensions 41
   b) Les interactions fortes 42
7. Distribution des vitesses angulaires de rotation dans le nucléon à spin 43
8. Les solutions périodiques 46
9. La pulsation radiale du nucléon 50
10. Le potentiel gravitationnel du nucléon 53

CHAPITRE IV

L'électron et les interactions électrostatiques

1. Le neutron ... 56
2. L'électron ... 56
3. Le proton ... 58
4. Les interactions électrostatiques ... 60
   a) Signe du potentiel électrostatique ... 61
   b) Interaction microscopique ... 62
   c) Interaction macroscopique ... 64
5. Unicité de e ... 65
6. Calcul du rapport m_0/e^2 ... 66
7. Différence de masse entre le neutron et le proton ... 66
8. Les moments magnétiques des particules ... 67
   a) Moment magnétique de l'électron ... 68
   b) Moment magnétique du proton ... 69
   c) Moment magnétique du neutron ... 71
9. Equation non linéaire : le méson μ ... 72

CHAPITRE V

Les photons et les états de spin maximum 1

1. Le champ électromagnétique ... 77
2. Le champ gravitomagnétique ... 81
3. Energie, masse propre et vitesse de propagation des photons ... 82
   a) Photons électromagnétiques ... 82
   b) Photons gravitationnels ... 83
4. Le moment magnétique du neutron ... 85
5. Le moment magnétique du proton ... 86
6. Champs magnétiques cosmiques ... 87
7. Etats de l'espace-temps à spin maximum supérieur à 1 ... 88
8. Probabilisme et aspect ondulatoire des particules ... 90

CHAPITRE VI

L'interaction gravitationnelle

1. L'interaction gravitationnelle ... 91
   a) Interaction microscopique ... 94
   b) Interaction macroscopique ... 95
2. Comparaison à la loi newtonienne ... 95
   a) Caractère attractif de l'interaction macroscopique ... 95
   b) Alternance de f pour l'interaction microscopique ... 95

c) Interaction nulle avec l'électron 95
d) Proportionnalité de *f* aux masses de matière en interaction 96
e) La « constante » *G* de la gravitation 98
f) Variation de *G* avec le temps 99

3. Comparaison à la Relativité générale 99

a) Le mouvement géodésique 99
b) Les mouvements périhéliens et les autres effets relativistes 101
c) Les ondes gravitationnelles 103

CHAPITRE VII

Les interactions faibles

1. Absence de couplage entre les solutions statiques 105
2. Absence de couplage dans la solution d'évolution 106
3. Couplage dans l'approximation linéaire des solutions périodiques 106
4. Couplage dans les solutions périodiques non linéaires 107
5. Interaction faible 108
6. Création et stabilité du proton 108

CHAPITRE VIII

Le modèle cosmologique

1. Les équations cosmologiques 113
2. Le tenseur impulsion-énergie 114

a) Impulsions-énergies cosmologiques dans le champ de partons 115
b) Impulsions-énergies cosmologiques dans le champ de tachyons 116

3. La solution cosmologique unique 116
4. La constante de Hubble 117
5. Constante de Hubble et constante de la gravitation 120
6. Le référentiel étendue-durée 120
7. Le modèle cosmologique dans le référentiel étendue-durée 123
8. Conséquences du principe cosmologique unitaire 124
9. La constante de Hubble dans le référentiel étendue-durée 126
10. La densité d'énergie moyenne du rayonnement noir 132
11. La création continue de la matière 133

CONCLUSION 141

TABLEAU DES VALEURS THÉORIQUES OBTENUES 145

RÉFÉRENCES 149

TABLE DES GRAPHES

GRAPHE 1. — Distribution de la densité de la matière dans une particule stable ... 33

GRAPHE 2. — Distribution des vitesses angulaires de rotation dans le nucléon à spin ... 47

GRAPHE 3. — Amplitude de la pulsation radiale du nucléon en fonction de la distance ... 52

GRAPHE 4. — Distribution du potentiel électrostatique dans le proton et l'électron ... 60

GRAPHE 5. — Potentiel électrostatique microscopique de l'électron (et du proton pour $x \geqslant x_{\Sigma}$) ... 63

GRAPHE 6. — Variation de la vitesse de récession des galaxies avec la distance ... 131

INTRODUCTION

Le présent ouvrage (*) se propose de fournir les résultats de l'analyse numérique relative aux solutions d'équations unitaires que nous avons proposées antérieurement et qui ont déjà fait l'objet d'autres publications (notamment réf. 1 et 3).

Dans tout ce qui suit nous désignerons par T.U. la référence 1, qui constitue l'ouvrage de base publié sur le sujet en 1969.

Depuis 1969 nous avons apporté certaines améliorations à notre formalisme unitaire et développé considérablement l'analyse et l'interprétation des équations unitaires dérivées de l'axiomatique. Le présent travail n'a cependant pas comme principal objet de montrer à nouveau comment les équations unitaires auxquelles a conduit l'axiomatique sont univoquement déduites des axiomes de base, mais plutôt de considérer ces équations comme posées, et de montrer alors comment l'analyse numérique des solutions permet une confrontation très satisfaisante avec les données expérimentales (**). Nous nous proposons de revenir sur les bases de l'axiomatique elle-même dans un travail ultérieur.

Nous rappellerons donc simplement, dans le chapitre I qui suit, les 13 axiomes à la base du formalisme, ainsi que les équations unitaires auxquelles ils conduisent. Chaque fois que cela s'avèrera justifié, nous indiquerons cependant les modifications que nous avons apportées au formalisme par rapport à T.U. Dans tous les autres cas nous nous contenterons de renvoyer à T.U.

(*) *Note de l'Editeur* : Le manuscrit de cet ouvrage nous a été remis par Jean E. Charon le 28 août 1973.

(**) Je remercie la Compagnie IBM-FRANCE qui m'a accordé depuis plusieurs années un important temps de calcul sur ordinateur sans lequel le présent travail n'aurait pas été possible.

CHAPITRE I

LES AXIOMES DE BASE

1. Enonce.

Axiome 1. — *Principe d'une correspondance géométrique entre l'espace et le temps.*

a) L'espace-temps V_4 peut être mesuré au moyen de coordonnées comptées suivant 3 axes d'espace et 1 axe des temps.

b) Les vecteurs de base de tout système de référence espace-temps sont imaginaires pour les 3 axes d'espace, réel pour l'axe des temps (ou vice versa).

c) Dans le vide (densité $\rho = 0$) et dans tout système de référence espace-temps le rapport entre les mesures d'une même distance selon l'un quelconque des 3 axes d'espace et selon l'axe des temps est égal à une constante absolue finie c.

Axiome 2. — *Principe d'un espace-temps riemannien.*

L'Univers physique peut être décrit en termes d'espace-temps. Toutes les caractéristiques de l'espace-temps sont alors géométriques et peuvent être exprimées au moyen d'un tenseur différentiel des $g_{\alpha\beta}$:

a) écrit dans un espace-temps quadridimensionnel riemannien,

b) de rang 2,

c) ne contenant aucune dérivée partielle supérieure au second ordre,

d) linéaire par rapport aux dérivées partielles du second ordre.

Axiome 3. — *Principe de la covariance des lois de la Nature.*

Toutes les lois de la Nature sont covariantes par rapport à des transformations continues des coordonnées.

Axiome 4. — *Principe de la conservation du tenseur impulsion-énergie.*

La divergence du tenseur impulsion-énergie $T_{\alpha\beta}$ est identiquement nulle.

Axiome 5. — *Principe variationnel d'action stationnaire.*

La variation de l'intégrale d'action dans tout sous-ensemble fermé de V_4 est identiquement nulle.

Axiome 6. — Principe d'un potentiel complexe.

En chaque point mathématique de l'espace on peut associer un potentiel unitaire complexe $\rho_u = \rho + j\tilde{\rho}$ ($j = \sqrt{-1}$), homogène à une densité propre, dans lequel ρ représente la densité propre de la matière en ce point, et $\tilde{\rho}$ le potentiel électrostatique en ce point.

Axiome 7. — Principe d'une description corpusculaire de l'espace.

A toute valeur du potentiel complexe $\rho_u = \rho + j\tilde{\rho}$ défini en chaque point mathématique de l'espace on peut associer un aspect corpusculaire caractérisé par deux masses propres $m_0 = \rho\Omega_0$ (parton) et $\tilde{m}_0 = j\tilde{\rho}\Omega_0$ (tachyon), où $\Omega_0 = \frac{4}{3}\pi l_0^3$ est une constante absolue finie et non nulle homogène à un volume spatial isotrope.

Axiome 8. — Principe de la quantification du moment cinétique microscopique de rotation.

En chaque point mathématique de l'espace on doit associer un moment cinétique total de rotation fini et non nul $\pm \hbar = \pm h/2\pi$, également partagé entre le parton et le tachyon.

Axiome 9. — Principe d'une description ondulatoire de l'espace.

A toute masse propre m_0 caractérisant l'aspect corpusculaire d'un point mathématique de l'espace on peut associer un vibrateur élémentaire de fréquence propre ν_0 telle que $h\nu_0 = m_0 c^2$.

Axiome 10. — Principe d'une polarisation de l'aspect ondulatoire.

Par rapport au vecteur vitesse unitaire défini en chaque point de l'espace le vibrateur élémentaire en ce point est caractérisé par l'un des deux états de polarisation suivant :

a) une polarisation transversale ; ce vibrateur est alors dit dans un état symétrique (statistiques quantiques de Bose-Einstein),

b) une polarisation longitudinale ; ce vibrateur est alors dit dans un état anti-symétrique (statistiques quantiques de Fermi-Dirac).

Axiome 11. — Principe de l'équipartition de l'énergie entre le spin et la pulsation radiale.

L'énergie propre $m_0 c^2$ caractérisant l'aspect corpusculaire en tout point mathématique de l'espace est répartie également entre l'énergie de spin et l'énergie de pulsation radiale en ce point.

Axiome 12. — Principe de l'existence de matière et d'antimatière.

La densité propre réelle ρ peut être positive, ou négative, ou nulle. Nous appellerons matière toute région de V_4 de densité propre ρ positive, antimatière toute région de V_4 de densité propre ρ négative ; $\rho = 0$ désignera l'espace strictement vide.

Axiome 13. — Principe cosmologique.

L'Univers dans son ensemble est homogène et isotrope par rapport à un observateur au repos relativement au mouvement moyen de la matière dans son voisinage.

2. Commentaires.

9 de ces 13 axiomes, à savoir les axiomes 1, 2, 3, 4, 5, 9, 10, 11 et 13, sont communément acceptés en Physique théorique et nous n'y reviendrons pas.

Les 4 autres axiomes, à savoir les axiomes 6, 7, 8 et 12, constituent l'aspect original de l'axiomatique et justifient donc quelques commentaires.

Axiome 6. — Principe d'un potentiel complexe.

La nécessité logique d'un tel potentiel complexe s'impose dès que l'on veut faire correspondre les grandeurs *physiques* habituelles (telles que densité de matière, impulsion, énergie...) aux grandeurs purement *géométriques* (telles que courbure riemanienne scalaire R, vitesse unitaire u_α, ...).

Nous verrons notamment, dans les équations unitaires dérivant de l'axiomatique, que la courbure riemannienne scalaire R est liée au potentiel complexe ρ_u par :

$$R = \xi^2 \langle \rho_u^2 \rangle + 4\Lambda = \xi^2 \langle \rho^2 - \tilde{\rho}^2 \rangle + 4\Lambda$$

où ξ et Λ sont 2 constantes réelles (nous montrerons d'ailleurs que la constante Λ est nulle). Le principe d'un potentiel complexe revient donc, en fait, à admettre :

$$R \in]-\infty, +\infty[\,.$$

L'analyse numérique des solutions de nos équations unitaires nous suggérera ensuite l'identification de ρ à la densité de la matière, et de $\tilde{\rho}$ au potentiel électrostatique, effectivement superposables en chaque point de l'espace (proton par exemple).

Axiome 7. — Principe d'une description corpusculaire de l'espace.

Nous postulons, dans l'axiome 9, et comme on le fait en Mécanique ondulatoire, qu'une énergie propre $h\nu_0$ (et non seulement une densité d'énergie propre) peut être définie sans ambiguïté en chaque point *mathématique* de l'espace. Il nous a alors semblé logiquement nécessaire, pour assurer la cohérence de nos axiomes de base, d'adjoindre à l'aspect corpusculaire complémentaire de la description ondulatoire au point considéré de l'espace, non seulement une densité propre ρ, mais encore une masse propre $\rho\Omega_0$, telle que $\rho\Omega_0 = h\nu_0/c^2$.

Ω_0 devient ainsi, à côté de h et c, la troisième constante fondamentale absolue de notre théorie unitaire.

Reprenant alors la terminologie qui commence à être en usage en Physique théorique :

a) Nous nommerons *parton* le corpuscule ainsi défini en chaque point de l'espace par la masse *réelle* $\rho\Omega_0$. Plus précisément, aux valeurs positives de la densité ρ de la matière nous ferons correspondre des partons, aux valeurs négatives de ρ (antimatière) nous ferons correspondre des antipartons. Une région *étendue* quelconque de l'espace est donc ainsi formée d'un ensemble *infini* de partons et d'antipartons.

b) De même, nous nommerons *tachyon* le corpuscule défini en chaque point de l'espace par la masse *imaginaire* $j\tilde{\rho}\Omega_0$.

Comme on le sait (réf. 4 et aussi T.U. p. 37 et suiv., p. 128 et suiv.) les particules de masses propres imaginaires sont entièrement compatibles avec le formalisme de la Relativité générale, qui doit cependant les associer à des vitesses plus grandes que c pour qu'elles se traduisent par des impulsions-énergies observables *réelles* (d'où leur nom de « tachyons »). En fait, les tachyons apparaissent comme complémentaires des particules de masses réelles dès que l'on considère, pour traduire l'observable, à la fois la vitesse de groupe de l'aspect corpusculaire et la vitesse de phase de l'onde associée. Pour un vibrateur d'énergie propre réelle $h\nu_0 = m_0 c^2$ (parton) la vitesse de groupe est comprise entre 0 et c et la vitesse de phase entre c et l'infini. Pour un vibrateur d'énergie propre imaginaire $h\tilde{\nu}_0 = \tilde{m}_0 c^2$ (tachyon) la vitesse de groupe est comprise entre l'infini et c, mais la vitesse de phase de l'onde associée est comprise entre 0 et c. Alors que, pour la masse réelle, la vitesse unitaire (« trajectoire » observable) se rapporte à la vitesse de groupe, pour la masse imaginaire la vitesse unitaire se rapporte à la vitesse de phase. On peut encore dire que la nécessité logique de l'existence des tachyons s'est imposée dès qu'on a considéré logiquement nécessaire de faire intervenir, pour décrire l'observable et pour les masses réelles (partons), des vitesses de phase supérieures à c. Cependant, dans *tous* les cas, les impulsions et énergies *observées* sont, comme cela est nécessaire, *réelles*.

D'autre part, et de même que nous avions introduits des antipartons, nous définirons des *antitachyons* comme des tachyons ayant une masse propre imaginaire $\tilde{m}_0$ négative. Toutefois, ce n'est pas ici le signe de $\tilde{\rho}$ ($\tilde{\rho}$ oscille autour de 0 dans le temps et est nul en moyenne) mais le signe de $\sqrt{\langle \tilde{\rho}^2 \rangle}$, la racine carrée de la valeur quadratique moyenne de $\tilde{\rho}$, qui distinguera le tachyon de l'antitachyon (voir Chap. IV).

Axiome 8. — *Principe de la quantification du moment cinétique microscopique de rotation.*

Cet axiome nous indique que le moment cinétique total de rotation (spin) en chaque point mathématique de l'espace est toujours égal à $\pm \hbar = \pm h/2\pi$.

En fait, nous devons cependant nous rappeler ici que nous avons défini l'existence de, non pas un seul, mais *deux* corpuscules en chaque point de l'espace : un parton et un tachyon, correspondant à la valeur $\rho_u = \rho + j\tilde{\rho}$ du potentiel unitaire complexe ρ_u en ce point. Comme le spin ne peut varier que par valeurs demi-entières de $\hbar$, nous admettrons que le spin total $\hbar$ en chaque point est partagé également entre le parton et le tachyon, possédant donc chacun de spin $\pm \frac{1}{2} \hbar$.

Axiome 12. — *Principe de l'existence de matière et antimatière.*

Nous constaterons que nos équations unitaires ne changent pas quand nous changeons ρ en $-\rho$. Les deux signes de ρ sont donc possibles pour caractériser les solutions que nous obtiendrons. L'axiome 12 nomme antimatière les régions de l'espace caractérisées par les valeurs négatives de ρ réel et associe à l'antimatière des énergies et impulsions négatives.

Nous verrons (Chap. VIII, modèle cosmologique) que l'existence de ces *deux* signes de l'énergie joue un rôle essentiel pour rendre compte de l'énergie positive communément observée dans l'Univers tout en maintenant le principe de conservation de l'impulsion-énergie pour l'Univers dans son ensemble (conservation imposée par nos axiomes 4 et 5). Cette énergie-impulsion totale, pour l'Univers considéré dans sa totalité, se trouvera en fait algébriquement nulle pour tout l'espace, quel que soit le temps t.

On peut encore dire ici que la nécessité logique d'énergies négatives (donc de l'antimatière) s'impose dès qu'on adopte, pour décrire l'Univers observable, le principe de la conservation de l'impulsion-énergie (notre axiome 4) et de l'action stationnaire (notre axiome 5).

Remarque générale sur la géométrie de l'Univers et les différents types d'interaction.

On peut chercher à « visualiser » la géométrie de l'Univers et les différents types d'interactions associés à cette géométrie en réduisant l'espace à 2 dimensions (au lieu de 3) et en examinant ce que postulent les 13 axiomes de la théorie :

L'espace est alors une surface bidimensionnelle possédant 2 faces *distinctes*, sans interactions *directes* l'une avec l'autre : l'une des faces constitue le champ de partons (partie réelle du potentiel complexe ρ_u), l'autre le champ de tachyons (partie imaginaire du potentiel complexe ρ_u). C'est *l'ensemble* de ces 2 champs qui confère sa géométrie locale à l'espace, puisque nous venons de voir (axiome 6) que la courbure riemannienne scalaire R de l'espace vaut :

$$R = \xi^2 \langle \rho^2 - \tilde{\rho}^2 \rangle .$$

Compte tenu du fait que les interactions entre partons dans le champ de partons, et les interactions entre tachyons dans le champ de tachyons, dépendent de la géométrie de l'espace, il existe donc un couplage *indirect*, par l'intermédiaire de l'interface géométrique, entre le champ de partons et le champ de tachyons, en dépit du fait que partons et tachyons n'interagissent pas directement entre eux.

Nous étudierons, dans l'analyse numérique qui va suivre de nos équations unitaires, ces différents types d'interactions, et nous constaterons que :

- Les *interactions fortes et gravitationnelles* sont des interactions directes entre partons dans le champ de partons ;
- Les *interactions électrostatiques et électromagnétiques* sont des interactions directes entre tachyons dans le champ de tachyons ;
- Les *interactions faibles* sont décrites par le couplage entre les 2 champs de partons et de tachyons, par l'intermédiaire de l'interface géométrique entre ces 2 champs.

3. Définition de l'espace sub-observable.

L'espace-temps, dont la géométrie va nous fournir une description des phénomènes physiques, ne nous est perceptible (c'est-à-dire *observable*) que par l'énergie W et les impulsions p_i ($i = 1$ à 3) qu'il contient en chaque point. Ces grandeurs sont *réelles*, et c'est pourquoi les $g_{\alpha\beta}$ associés à la description géométrique *de l'observable* doivent nécessairement être eux aussi réels. On remarque, d'autre part, qu'aux mêmes caractéristiques géométriques de l'espace-temps en un point doivent pouvoir correspondre d'après l'expérience des énergies et impulsions égales mais de signes contraires : c'est donc W^2 et p_i^2, et non W et p_i, qui devront correspondre aux caractéristiques géométriques de l'espace ; le tenseur impulsion-énergie $T_{\alpha\beta}$ entrant dans les équations relativistes :

$$R_{\alpha\beta} - \tfrac{1}{2} R g_{\alpha\beta} + \Lambda g_{\alpha\beta} = - T_{\alpha\beta} \qquad (\alpha, \beta = 1 \text{ à } 4) \tag{1}$$

devra notamment être invariant dans un changement de signe de W et p_i.

Notre axiomatique a recherché (T.U.) la forme explicite unitaire de $T_{\alpha\beta}$ au moyen d'un rapprochement entre les formalismes de la Relativité générale et de la Théorie quantique ; nous avons obtenu :

$$T_{\alpha\beta} = \xi^2 \rho_u^2 u_\alpha u_\beta \qquad (\xi = \text{Cte}) \tag{2}$$

où ρ_u est un potentiel *complexe* unitaire :

$$\rho_u = \rho + j\tilde{\rho} \qquad (j = \sqrt{-1}) \tag{3}$$

et où u^α est le quadrivecteur vitesse unitaire :

$$u^\alpha = \frac{\mathrm{d}y^\alpha}{\mathrm{d}s} \qquad (\mathrm{d}s^2 = g_{\alpha\beta}\, \mathrm{d}y^\alpha\, \mathrm{d}y^\beta) . \tag{4}$$

Pour que (2) soit acceptable pour décrire *l'observable*, il faut cependant s'assurer que (1), avec la forme (2) pour $T_{\alpha\beta}$, fournira bien comme cela est nécessaire des $g_{\alpha\beta}$ tous *réels*.

Supposons cette condition réalisée ($g_{\alpha\beta}$ réels) ; dans ce cas u_α est soit réel, soit imaginaire pur, d'après (4), et le produit $u_\alpha u_\beta$ figurant dans (2) est donc réel. Par contre :

(5) $$\rho_u^2 = (\rho + j\tilde{\rho})^2 = \rho^2 - \tilde{\rho}^2 + 2j\rho\tilde{\rho} .$$

(5) montre que les éléments de $T_{\alpha\beta}$ ne sont tous réels que si :

(6) $$\rho\tilde{\rho} \equiv 0 \qquad (\forall x, t) .$$

Cette condition (6) à imposer pour obtenir un espace à $g_{\alpha\beta}$ réels paraît à prime abord trop restrictive. Nous allons cependant être amenés à constater, au cours de l'analyse numérique des équations de la théorie, qu'il existe *en tout point* de l'espace-temps une pulsation fondamentale ω_0 de ρ et $\tilde{\rho}$ ($\omega_0 \simeq 10^{23}\ \mathrm{s}^{-1}$) et que :

- ρ (densité propre de la matière) et $\tilde{\rho}$ (potentiel électrostatique) sont tous deux des fonctions périodiques du temps, de pulsation ω_0 ;
- $\tilde{\rho}$ oscille dans le temps avec cette pulsation ω_0 autour de $\tilde{\rho} = 0$.

Ceci va nous conduire *à imposer* aux fonctions ρ et $\tilde{\rho}$ la condition :

(7) $$\langle \rho\tilde{\rho} \rangle \equiv 0 \qquad (\forall x)$$

où $\langle f \rangle$ désigne une moyenne de f sur une période $2\pi/\omega_0$:

(7 *bis*) $$\langle f \rangle = \frac{\omega_0}{2\pi}\int_t^{t+2\pi/\omega_0} f\,\mathrm{d}t .$$

(7 *bis*) ressemble à une condition « d'orthogonalité » dans le temps des deux fonctions ρ et $\tilde{\rho}$. Nous verrons que, en première approximation, ρ et $\tilde{\rho}$ sont des fonctions sinusoïdales du temps ; il suffira donc, pour que (7) soit satisfait, de choisir les conditions aux limites de telle manière que ρ et $\tilde{\rho}$ soient déphasés de $\pi/2$ dans le temps.

Adoptons alors comme tenseur impulsion-énergie *observable* $T_{\alpha\beta}$, au lieu de (2), l'expression :

(8) $$T_{\alpha\beta} = \xi^2 \langle \rho_u^2 \rangle u_\alpha u_\beta = \xi^2 \langle \rho^2 - \tilde{\rho}^2 \rangle u_\alpha u_\beta .$$

Ce nouveau $T_{\alpha\beta}$, qui caractérisera donc *l'observable*, est bien à composantes toutes réelles. Il doit satisfaire les relations de conservation :

(9) $$\nabla_\alpha T^\alpha_\beta = \nabla_\alpha(\xi^2 \langle \rho^2 - \tilde{\rho}^2 \rangle u^\alpha u_\beta) \equiv 0 .$$

Ceci posé, nous constatons que si nous n'avons pas pu adopter pour $T_{\alpha\beta}$ sa forme plus générale complexe (2), en dépit du fait que c'est celle-ci que nous avions déduite directement de notre axiomatique, cela tient au fait que nous avons réclamé jusqu'ici à la géométrie de l'espace de nous fournir seulement *les grandeurs observables* W et p_i, et qu'une grandeur observable doit nécessairement être réelle. Puisque W et p_i sont eux-mêmes formés à partir de valeurs quadratiques moyennes d'un potentiel *complexe* ρ_u, on peut cependant espérer obtenir une description *plus complète* des phénomènes physiques à partir d'équations traitant directement de la distribution d'espace-temps de ρ_u, au lieu des distributions observables de W et p_i. Ceci nous suggère de faire l'hypothèse que l'espace des phénomènes physiques *est plus général* que ce que nous sommes capables d'en observer au moyen des grandeurs physiques que nous avons d'abord choisies pour avoir accès à cet espace, à savoir W et p_i. Dans une telle éventualité on peut penser que le tenseur complexe $T_{\alpha\beta}$ fourni par (2), et déduit directement de notre axiomatique, correspond en fait à cet espace plus général, alors nécessairement *à* $g_{\alpha\beta}$ *complexes.* Cet espace complexe doit demeurer riemannien (notre axiome 2) et nous exigerons donc une matrice des $g_{\alpha\beta}$ qui soit *hermitique* ($g_{\alpha\beta} = g^*_{\beta\alpha}$).

Appelons alors *espace-temps sub-observable* un tel espace à $g_{\alpha\beta}$ complexes. Il doit satisfaire, lui aussi, les relations de conservation :

$$(10) \qquad \nabla_\alpha T^\alpha_\beta = \nabla_\alpha(\xi^2 \rho_u^2 u^\alpha u_\beta) \equiv 0$$

et les équations de cet espace sub-observable sont encore :

$$(11) \qquad R_{\alpha\beta} - \tfrac{1}{2} R g_{\alpha\beta} + \Lambda g_{\alpha\beta} = - T_{\alpha\beta} \,.$$

Par ailleurs, (10) entraîne automatiquement la conservation de l'impulsion-énergie *observable* fournie par (9) pourvu que la relation d'orthogonalité (7) soit satisfaite.

Nous admettrons donc que (10) nous fournit des équations en ρ_u acceptables pour décrire *l'espace sub-observable* si les solutions de ces équations peuvent être obtenues en incorporant (7) dans les conditions aux limites.

On déduit de (10) :

$$(12) \qquad \Box^2 \rho_u - \xi^2 \rho_u^3 = 0 \qquad \left(\Box^2 = \frac{1}{c^2}\frac{\partial^2}{\partial t^2} - \nabla^2\right)$$

et l'analyse numérique de (12), que nous allons effectuer dans cet ouvrage, va effectivement montrer qu'il existe des solutions de (12) qui satisfont (7). Ce sont ces solutions qui vont nous conduire à la structure des particules et à la description des 4 types d'interaction *au niveau sub-observable.* Nous vérifierons que les grandeurs observées correspondantes W et p_i (qui, d'après (8), seront déduites de valeurs quadratiques moyennes des grandeurs sub-observables ρ_u) sont bien conformes aux données expérimentales.

Nous dirons donc que l'équation (12) *est bien l'équation décrivant le sub-observable.*

C'est principalement l'analyse numérique de cette équation (12) qui fait l'objet du présent ouvrage.

CHAPITRE II

RAPPEL DES ÉQUATIONS OBTENUES

Les équations unitaires déduites univoquement des 13 axiomes ci-dessus fournissent une description continue de l'espace-temps V_4 au moyen de deux formalismes différents, mais conduisant naturellement à des grandeurs observables identiques (traduites par des concepts généralement différents) :

— *Un formalisme géométrique*, débouchant sur les équations habituelles de la Relativité générale, mais précisant la forme microscopique du tenseur impulsion-énergie $T_{\alpha\beta}$ en fonction du potentiel unitaire complexe ρ_u, lui même solution d'une équation déduite de la conservation de l'impulsion-énergie.

— *Un formalisme quantique*, très proche du formalisme habituel de la Théorie quantique des champs, mais conduisant à une description déterministe des phénomènes physiques en faisant intervenir, au moyen du potentiel unitaire complexe ρ_u, la densité propre d'énergie au niveau « sub-observable ».

Les constantes entrant dans nos équations unitaires sont les 3 constantes absolues fondamentales : c, h et Ω_0, définies respectivement par nos axiomes 1, 8 et 7.

Les valeurs de ces constantes sont, dans le système c.g.s. :

$$\begin{aligned} h &= 6{,}624.10^{-27}\ \text{erg.s} \\ c &= 2{,}998.10^{10}\ \text{cm/s} \\ \Omega_0 &= 1{,}208.10^{-39}\ \text{cm}^3 \end{aligned} \tag{0}$$

d'où l'on tire également :

$$\xi = \frac{\Omega_0\, c}{\hbar} = 3{,}436.10^{-2}\ \text{c.g.s.}\,.$$

La valeur qui nous a servi pour estimer le volume élémentaire Ω_0 est la masse propre μ_0 du neutron. On montrera en effet, au chapitre III, que :

$$\mu_0 = \frac{h}{2\, l_0\, c} \qquad \left(\Omega_0 = \frac{4}{3}\pi l_0^3\right).$$

1. Formalisme géométrique.

Les équations unitaires s'écrivent (T.U. p. 53 et suiv.) :

$$(1) \qquad R_{\alpha\beta} - \tfrac{1}{2} R g_{\alpha\beta} + \Lambda g_{\alpha\beta} = - T_{\alpha\beta} = - \xi^2 \langle \rho_u^2 \rangle u_\alpha u_\beta$$
$$= - \xi^2 \langle \rho^2 - \tilde{\rho}^2 \rangle u_\alpha u_\beta \qquad (\alpha, \beta = 1 \text{ à } 4) .$$

avec pour $\langle \quad \rangle$ la signification (7 *bis*), chapitre I.

De la conservation du tenseur sub-observable :

$$\nabla_\alpha(\xi^2 \rho_u^2 u^\alpha u_\beta) \equiv 0$$

on déduit ensuite (T.U. p. 58 et 62) :

$$(2) \qquad u^\alpha \nabla_\alpha u_\beta = 0 \qquad (\alpha, \beta = 1 \text{ à } 4)$$

$$(3) \qquad \Box^2 \rho_u - \xi^2 \rho_u^3 = 0$$

avec, conformément à notre axiome 6 :

$$\rho_u = \rho + j\tilde{\rho} \qquad (j = \sqrt{-1})$$

et

$$\Box^2 = \frac{1}{c^2} \frac{\partial^2}{\partial t^2} - \nabla^2 .$$

$R_{\alpha\beta}$, $g_{\alpha\beta}$ et $R = g^{\alpha\beta} R_{\alpha\beta}$ ont leur signification habituelle en Relativité générale. u^α est le quadrivecteur vitesse unitaire :

$$u^\alpha = \frac{\mathrm{d}y^\alpha}{\mathrm{d}s} \qquad (\alpha = 1 \text{ à } 4)$$

avec le $\mathrm{d}s^2$ de la métrique riemannienne :

$$\mathrm{d}s^2 = g_{\alpha\beta}\, \mathrm{d}y^\alpha\, \mathrm{d}y^\beta \qquad (\alpha, \beta = 1 \text{ à } 4) .$$

ξ est la constante $\Omega_0\, c/\hbar$; Λ est la constante cosmologique (que nous trouverons égale à 0 en obtenant le modèle cosmologique unique déduit des équations unitaires, (Chap. VIII).

(1), (2) et (3) contiennent 11 équations indépendantes qui, avec des conditions aux limites appropriées, permettent de déterminer les valeurs des 6 $g_{\alpha\beta}$ indépendants, des 4 u^α et de ρ_u.

Le carré de l'impulsion d'Univers observable $\mathbf{I}_\alpha^2$ est fourni en chaque point de V_4 (T.U. p. 54) au moyen des 4 composantes diagonales du tenseur *normal* $\mathbf{T}_{\alpha\beta}$ déduit de $T_{\alpha\beta}$:

$$(4) \qquad \mathbf{T}_{\alpha\alpha} = \frac{\mathbf{I}_\alpha^2}{\hbar^2} \qquad (\alpha = 1 \text{ à } 4) .$$

Rappelons que le tenseur normal impulsion-énergie $\mathbf{T}_{\alpha\alpha}$ (réf. 14) est obtenu en choisissant un système de référence orthonormé au point considéré de V_4, les axes de ce système coïncidant avec les directions principales de l'espace-temps V_4 en ce point.

Comme, d'après (1), on a :

$$T_{\alpha\beta} = \xi^2 \langle \rho^2 - \tilde{\rho}^2 \rangle u_\alpha u_\beta \tag{5}$$

et que le vecteur vitesse unitaire satisfait identiquement :

$$g^{\alpha\beta} u_\alpha u_\beta \equiv 1$$

nous avons aussi :

$$g^{\alpha\beta} T_{\alpha\beta} = \xi^2 \langle \rho^2 - \tilde{\rho}^2 \rangle$$

relation qui, appliquée au tenseur normal $\mathbf{T}_{\alpha\alpha}$, fournit en tenant compte de (4) :

$$\eta^{\alpha\alpha} \mathbf{T}_{\alpha\alpha} = \frac{1}{\hbar^2} \left[\mathbf{I}_4^2 - \sum_{i=1}^{3} \mathbf{I}_i^2 \right] = \xi^2 \langle \rho^2 - \tilde{\rho}^2 \rangle . \tag{6}$$

Appelons W_ρ et $p_{i\rho}$ ($i = 1, 2, 3$) les énergies et impulsions observables dans le champ de partons (ρ réel), et $W_{\tilde{\rho}}$ et $p_{i\tilde{\rho}}$ les énergies et impulsions observables dans le champ de tachyons ($\tilde{\rho}$ imaginaire). Comme ces valeurs observables doivent nécessairement être réelles, quels que soient ρ et $\tilde{\rho}$, on a avec (6) :

$$\begin{cases} \mathbf{I}_4^2 = \dfrac{W_\rho^2}{c^2} - \dfrac{W_{\tilde{\rho}}^2}{c^2} \\ \mathbf{I}_i^2 = p_{i\rho}^2 - p_{i\tilde{\rho}}^2 \end{cases} \tag{7}$$

et puisque le même vecteur vitesse unitaire u^α est associé en tout point de V_4 aux 2 parties ρ et $\tilde{\rho}$ du potentiel complexe $\rho_u = \rho + j\tilde{\rho}$:

$$\frac{p_{i\rho}^2}{p_{i\tilde{\rho}}^2} = \frac{W_\rho^2}{W_{\tilde{\rho}}^2} = \frac{\langle \rho^2 \rangle}{\langle \tilde{\rho}^2 \rangle} .$$

Ceci entraîne, avec (6), que les composantes d'énergie et d'impulsion dans les 2 champs de partons et de tachyons satisfont séparément les 2 relations relativistes suivantes entre grandeurs observables :

$$\begin{cases} \dfrac{W_\rho^2}{c^2} - \sum\limits_{i=1}^{3} p_{i\rho}^2 = \hbar^2 \xi^2 \langle \rho^2 \rangle = \Omega_0^2 c^2 \langle \rho^2 \rangle \\ \dfrac{W_{\tilde{\rho}}^2}{c^2} - \sum\limits_{i=1}^{3} p_{i\tilde{\rho}}^2 = \hbar^2 \xi^2 \langle \tilde{\rho}^2 \rangle = \Omega_0^2 c^2 \langle \tilde{\rho}^2 \rangle . \end{cases} \tag{8}$$

2. Formalisme quantique.

On définit alors (T.U. p. 61 et suiv,) une fonction continue du point U dans V_4 :

$$U = \frac{\mathrm{d}a}{\mathrm{d}\tau}$$

où a est l'action contenue dans le volume élémentaire affine d'espace-temps $\mathrm{d}\tau$. La fonction U (densité d'action) est donc un pseudo-scalaire de poids + 1, variant comme le jacobien de la transformation dans tout changement de coordonnées.

Nos équations unitaires, équivalentes à (1), (2) et (3) sont alors :

$$\square^2\, U + \xi^2 \langle \rho^2 - \tilde{\rho}^2 \rangle\, U = 0 \tag{9}$$

$$\square^2\, \rho_u - \xi^2\, \rho_u^3 = 0 \tag{10}$$

le carré de l'impulsion d'Univers $\mathbf{I}_\alpha^2$, ayant pour composantes les carrés de l'énergie et de l'impulsion en chaque point, étant obtenu au moyen des 4 équations aux valeurs propres :

$$\mathbf{I}_\alpha^2 . U = \langle (-\, j\hbar\, \partial_\alpha)^2 \rangle\, U \qquad (\alpha = 1 \text{ à } 4)\,. \tag{11}$$

Notons que $\mathbf{I}_\alpha$ est calculé à partir de *son carré* $\mathbf{I}_\alpha^2$. Nous avons bien la relation *entre opérateurs* agissant sur U :

$$\mathbf{I}_\alpha = (\rho_u\, \Omega_0\, c u_\alpha) = (-\, j\hbar\, \partial_\alpha) \tag{12}$$

mais $\mathbf{I}_\alpha$ *n'est pas* obtenu par les valeurs propres de l'opérateur $(-\, j\hbar\, \partial_\alpha)$ agissant sur U, comme on le voit sur (11).

$\mathbf{I}_\alpha^2$ est relié aux valeurs observables dans le champ de partons et le champ de tachyons au moyen des mêmes relations (7) que celles définies ci-dessus dans le formalisme géométrique.

La relation (11) ressemble à celle de définition et de recherche des valeurs propres en Mécanique quantique, et nous avons donc conservé ici l'expression « valeurs propres ». Les résultats déduits de (11) sont cependant très différents de ceux obtenus en Mécanique quantique, puisque U est solution généralement *unique* d'une équation *non linéaire* : $\mathbf{I}_\alpha^2$ est donc ici une fonction du point d'espace-temps (et non un ensemble de constantes associées à un ensemble de fonctions propres).

3. La description du « sub-observable ».

On constate que l'équation (10) portant sur la distribution du potentiel complexe ρ_u, commune aux 2 formalismes géométrique et quantique de nos équations unitaires, constitue le caractère le plus original de la théorie.

a) *Cette équation* (10) *en* ρ_u *établit un « pont » entre la Relativité générale et la Théorie quantique des champs.*

Cette équation introduit en effet la quantification dans les équations de la Relativité générale. Cette quantification, qui se traduit par la recherche des valeurs propres $\mathbf{l}_\alpha^2$ dans le formalisme quantique, apparaît comme la recherche du tenseur normal $\mathbf{T}_{\alpha\alpha}$ dans le formalisme géométrique, tenseur dont les composantes diagonales sont précisément $\mathbf{l}_\alpha^2$.

Cette équation en ρ_u introduit aussi un espace-temps riemannien dans les équations de la Théorie quantique. On voit, en effet, que la courbure riemannienne scalaire vaut, d'après (1) :

$$R = \xi^2 \langle \rho_u^2 \rangle + 4\,\Lambda = \xi^2 \langle \rho^2 - \tilde{\rho}^2 \rangle + 4\,\Lambda \tag{13}$$

et que notre équation (9) peut donc s'écrire aussi :

$$\Box^2\, U + (R - 4\,\Lambda)\, U = 0\,.$$

b) *Cette équation* (10) *en* ρ_u *fournit également une description du « sub-observable ».*

Nous nous sommes expliqués sur ce point au chapitre I, paragraphe 3. Notre équation (10) en ρ_u est déduite de la conservation d'un tenseur :

$$T_{\alpha\beta} = \xi^2\, \rho_u^2\, u_\alpha\, u_\beta$$

définissant un *espace sub-observable à* $g_{\alpha\beta}$ *complexes* satisfaisant les relations :

$$R_{\alpha\beta} - \tfrac{1}{2}\, R g_{\alpha\beta} + \Lambda g_{\alpha\beta} = -\, T_{\alpha\beta} \qquad (\alpha, \beta = 1 \text{ à } 4)\,.$$

Puisque notre équation pour le potentiel complexe :

$$\Box^2\, \rho_u - \xi^2\, \rho_u^3 = 0$$

constitue le caractère le plus nouveau de notre théorie unitaire, c'est à l'analyse numérique des solutions de cette équation à laquelle nous allons essentiellement procéder au cours du présent ouvrage.

4. Méthode générale utilisée pour les travaux d'analyse.

Compte tenu de la relation de définition :

$$\rho_u = \rho + j\tilde{\rho} \qquad (j = \sqrt{-1})$$

où ρ est la densité propre de la matière et $\tilde{\rho}$ le potentiel électrostatique, nous commencerons par séparer notre équation (10) en 2 équations, l'une pour la partie réelle, l'autre pour la partie imaginaire :

$$\square^2 \rho - \xi^2(\rho^3 - 3\,\tilde{\rho}^2\,\rho) = 0 \tag{10 a}$$

$$\square^2 \tilde{\rho} + \xi^2(\tilde{\rho}^3 - 3\,\rho^2\,\tilde{\rho}) = 0\,. \tag{10 b}$$

Nous diviserons l'étude numérique de chacune de ces équations en recherchant 4 types de solutions : statiques, périodiques, d'évolution, cas général.

a) *Solutions statiques.*

Elles sont obtenues en faisant $\partial/\partial t \equiv 0$, soit :

$$\nabla^2\rho + \xi^2(\rho^3 - 3\,\tilde{\rho}^2\,\rho) = 0$$

$$\nabla^2\tilde{\rho} - \xi^2(\tilde{\rho}^3 - 3\,\rho^2\,\tilde{\rho}) = 0\,.$$

Nous constaterons que la seconde de ces équations n'a pas d'autre solution que :

$$\tilde{\rho} \equiv 0$$

ce qui limitera notre analyse à l'étude numérique de l'équation :

$$\nabla^2\rho + \xi^2\,\rho^3 = 0\,.$$

Notons que cette équation est, pour le cas de la symétrie sphérique, l'équation de Lane-Emden, étudiée par les astronomes pour représenter la distribution du potentiel gravitationnel dans une étoile (réf. 6 et 7). Cette équation nous fournira la distribution de la densité et des vitesses angulaires dans une particule de matière (nucléon) de spin $\pm\,\frac{1}{2}\,\hbar$, en recherchant la solution numérique pour la symétrie axiale.

b) *Solutions périodiques.*

Nous étudierons les solutions du type :

$$\rho = \hat{\rho}(x^i) + \varepsilon(x^i, t) \qquad (i = 1, 2, 3)$$

où $\hat{\rho}(x^i)$ représente la solution statique et $\varepsilon(x^i, t)$ une oscillation périodique de la forme :

$$\varepsilon(x^i, t) = a(x^i)\,e^{j\omega t}$$

Dans une première étape nous rechercherons ces solutions dans une *approximation linéaire* des équations obtenues.

Ces solutions décrivent des ondes de pulsation ω, stationnaires dans le référentiel propre de la particule source de l'onde, et dont l'amplitude décroît avec la distance x au point source.

Nous constaterons que ces ondes décrivent l'interaction électrostatique (équation en $\tilde{\rho}$) et l'interaction gravitationnelle (équation en ρ). L'excellente concordance des résultats numériques avec les valeurs expérimentales observées permet de confirmer 3 résultats très nouveaux de la théorie :

α) *L'électron* est de nature purement électrostatique ; celui-ci n'est pas constitué de matière (ρ réel) mais uniquement par une onde électrostatique $\tilde{\rho}$ oscillant autour de $\tilde{\rho} = 0$ avec une pulsation ω_0. L'amplitude de l'onde décroît en $1/x$, sauf à l'origine où $\partial\tilde{\rho}/\partial x = 0$. On évite ainsi, dans ce modèle, la si insatisfaisante divergence du potentiel électrostatique à l'origine.

β) *L'interaction gravitationnelle* est de nature purement ondulatoire. Les ondes de gravitation sont prévues, comme on le sait (réf. 2), par les équations de la Relativité générale. Mais on rend habituellement compte de l'interaction gravitationnelle par l'approximation statique de ces équations. Nous montrerons, en retrouvant la constante G de la gravitation (qui n'est pas obtenue par la Relativité générale) que le phénomène gravitationnel est une onde générée par la pulsation radiale du nucléon.

γ) Nous constaterons enfin qu'il existe un couplage faible entre le potentiel électrostatique et une particule de matière (même électriquement neutre). Nous pensons que ce couplage correspond aux interactions dites « *faibles* ». Nous montrerons comment ces interactions interviennent dans la structure proton.

c) *Solutions d'évolution.*

Nous désignons ainsi les solutions pour lesquelles la densité ρ de la matière est supposée constante dans tout l'espace à un instant donné, mais évolue dans le temps.

On fait, dans ce cas :

$$\frac{\partial \rho}{\partial x} = \frac{\partial \rho}{\partial y} = \frac{\partial \rho}{\partial z} = 0 \qquad (\forall x, y, z) .$$

C'est le cas *cosmologique*, permettant d'examiner l'évolution dans le temps de la densité emplissant tout l'espace, à l'échelle de l'Univers dans son ensemble.

L'équation à étudier concerne seulement la matière (ρ réel), puisque nous avons vu que le potentiel électrostatique reste en moyenne nul dans tout l'espace. On a donc à résoudre :

$$\frac{1}{c^2}\frac{d^2\rho}{dt^2} = \xi^2 \rho^3 \qquad (\rho)_{t=\infty} = 0$$

qui a pour solution :

$$\rho = \pm \frac{\sqrt{2}}{\xi c} \frac{1}{t + t_0} \tag{14}$$

où t_0 est une constante d'intégration.

(14) nous permettra de découvrir la solution *unique* des équations cosmologiques issues de la Relativité générale. La constante de Hubble, déduite de ce modèle, sera en bon accord avec l'observation.

Les résultats nouveaux obtenus sont ici :

— La constante G de la gravitation varie très lentement dans le temps ($\Delta G/G = -10^{-8}$ par siècle).

— Il y a « création continue » de particules de matière au cours du temps, afin d'assurer la conservation de l'énergie à l'échelle de l'Univers dans son ensemble (nos axiomes 4 et 5).

d) *Solutions du cas général.*

Les solutions du cas général des équations (10 *a*) et (10 *b*) ci-dessus décrivent, en principe, non seulement les particules stables (fournies par $\partial/\partial t \equiv 0$) mais encore les particules *à courtes durées de vie.*

Ces solutions générales ne seront pas étudiées dans le présent ouvrage.

Nous indiquerons cependant (Chap. IV, § 9) comment notre équation (10 *b*) décrit la structure et l'évolution de l'ensemble des leptons (dont le méson μ).

Classification des solutions analysées

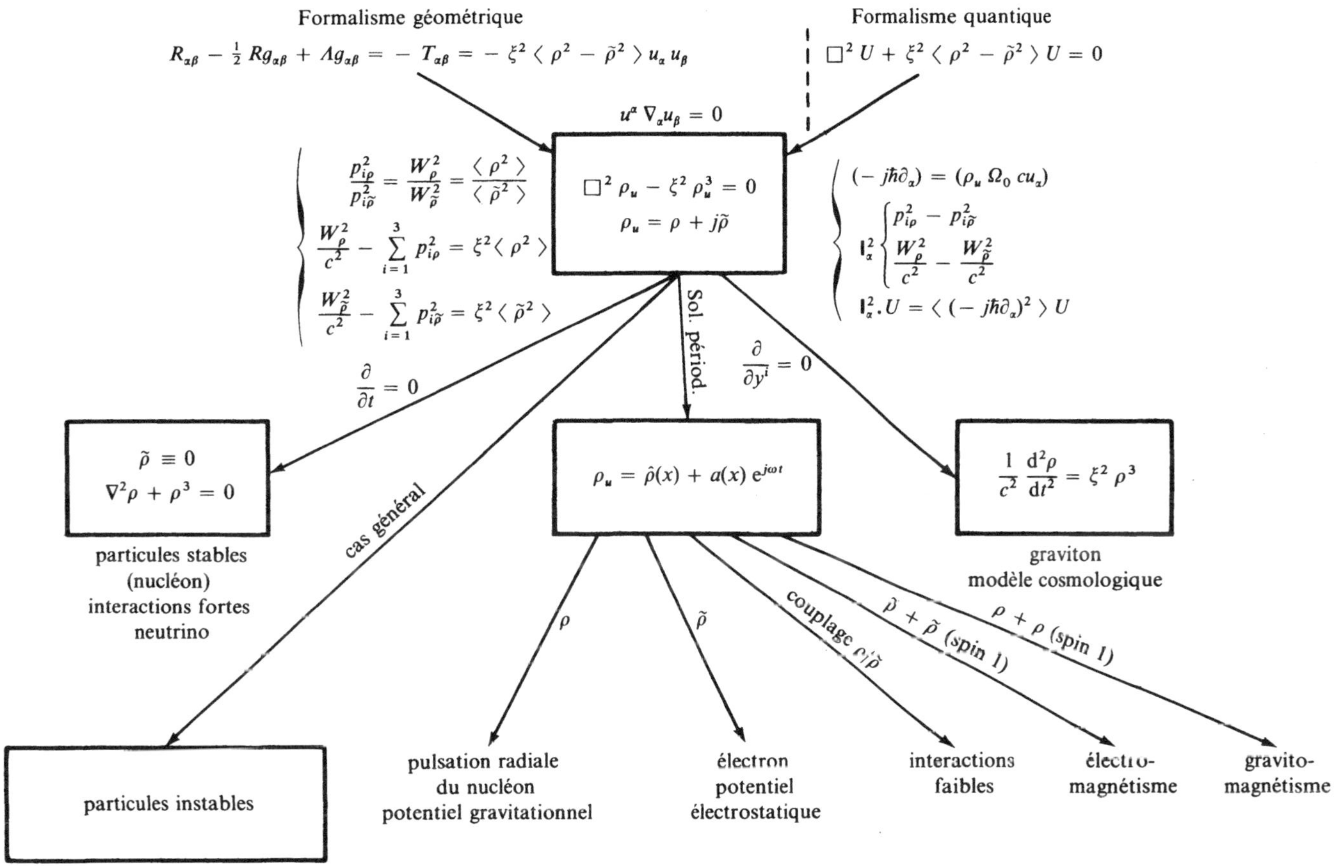

CHAPITRE III

LES PARTICULES DE MATIÈRE ET LES INTERACTIONS FORTES

1. Les solutions statiques. Le neutrino.

Nous nous intéressons d'abord aux solutions statiques ($\partial/\partial t \equiv 0$) de notre équation :

$$\Box^2 \rho_u - \xi^2 \rho_u^3 = 0 \qquad (\rho_u = \rho + j\tilde{\rho})$$

soit :

$$\text{(1)} \qquad \nabla^2 \rho + \xi^2(\rho^3 - 3\,\tilde{\rho}^2\,\rho) = 0$$

$$\text{(2)} \qquad \nabla^2 \tilde{\rho} - \xi^2(\tilde{\rho}^3 - 3\,\rho^2\,\tilde{\rho}) = 0\,.$$

Soit y^i ($i = 1, 2, 3$) le référentiel de 3 axes orthogonaux d'espace propre à une particule. Soit ρ_0 la densité centrale, coïncidant avec l'origine du référentiel ($y^i = 0$), où $\partial\rho/\partial y^i = 0$.

Afin de rendre l'analyse numérique de ces équations indépendante de la valeur de la densité centrale ρ_0 (c'est-à-dire valable pour toutes les particules) nous définirons des expressions *non dimensionnelles* u et x^i pour ρ et y^i :

$$\text{(3)} \qquad \begin{cases} \rho_{y^i=0} = \rho_0 \\ \rho = \rho_0\, u \qquad \tilde{\rho} = \rho_0\, \tilde{u} \\ x^i = \xi \rho_0\, y^i\,. \end{cases}$$

Le problème consiste alors à déterminer les deux fonctions réelles u et $\tilde{u}$, définies dans tout l'espace, et satisfaisant :

$$\text{(4)} \qquad \begin{cases} \begin{matrix} (a) \\ (b) \end{matrix} \begin{cases} \nabla^2 u + u^3 - 3\,\tilde{u}^2\,u = 0 \\ \nabla^2 \tilde{u} - \tilde{u}^3 + 3\,u^2\,\tilde{u} = 0 \end{cases} \qquad \forall x^i \in [0, \infty] \\ u_{x^i=0} = 1 \qquad \left(\dfrac{\partial u}{\partial x^i}\right)_{x^i=0} = 0 \qquad \left(\dfrac{\partial \tilde{u}}{\partial x^i}\right)_{x^i=0} = 0 \\ \text{sign}\, u = \text{Cte} \qquad \tilde{u} \in\,]-\infty, +\infty[\qquad \forall x^i \in [0, \infty] \qquad \tilde{u}_{x^i=\infty} = 0\,; \end{cases}$$

sign u = Cte signifie que la densité d'une particule de matière ne peut changer de signe (solution unilatérale) et est limitée par une frontière Σ (frontière libre) où, par définition de cette frontière, $u_\Sigma = 0$ et $u \equiv 0 \quad \forall x \in [x_\Sigma, \infty]$.

Par ailleurs, les valeurs $\tilde{u}$ du potentiel électrostatique appartiennent au corps des nombres réels ; $\tilde{u}$ tend vers zéro pour x^i tendant vers l'infini.

L'analyse numérique du système (4) montre que l'équation (4 *b*) comporte une solution et une seule :

$$\tilde{u} \equiv 0 \qquad \forall x^i \in [0, \infty] . \tag{5}$$

Il n'existe donc pas de solution *statique* autre que $\tilde{u} = 0$ pour le potentiel électrostatique. Nous verrons que ce potentiel est décrit par une fonction périodique du temps.

A cette solution statique $\tilde{u} \equiv 0$ nous ferons correspondre une particule-tachyon, de nature purement cinétique, de masse propre nulle, de « rayon » nul (comme tout tachyon), de spin $\pm \frac{1}{2}\hbar$ (comme tout tachyon également), décrite à partir de (II.8) par son énergie $\tilde{W}$ et son impulsion $\tilde{p}_i$:

$$\frac{\tilde{W}^2}{c^2} - \sum_{i=1}^{3} \tilde{p}_i^2 = - \hbar^2 \xi^2 \langle \tilde{\rho}^2 \rangle = 0 .$$

Cette équation définit *le neutrino* ($W \geqslant 0$) et l'antineutrino ($W \leqslant 0$).

La distribution statique de la densité *u de la matière* dans une particule obéit donc à l'équation générale :

$$\begin{cases} \nabla^2 u + u^3 = 0 \\ (u)_{x^i=0} = 1 \qquad \left(\dfrac{\partial u}{\partial x^i}\right)_{x^i=0} = 0 \qquad u \geqslant 0 . \end{cases} \tag{6}$$

2. La symétrie sphérique.

(6) est alors l'équation de Lane-Emden :

$$\begin{cases} \dfrac{\mathrm{d}^2 u}{\mathrm{d}x^2} + \dfrac{2}{x}\dfrac{\mathrm{d}u}{\mathrm{d}x} + u^3 = 0 \\ u_{x=0} = 1 \qquad \left(\dfrac{\mathrm{d}u}{\mathrm{d}x}\right)_{x=0} = 0 \qquad u \geqslant 0 . \end{cases} \tag{7}$$

Nous fournissons, sur le graphe 1 ci-contre, les valeurs numériques de la solution *unique u*, ainsi que les valeurs de la dérivée $u' = \mathrm{d}u/\mathrm{d}x$.

u' passe par un maximum égal à 0,280 1 pour $x = 1{,}51$. La frontière Σ, sur laquelle $u = 0$, a pour abscisse :

$$x_\Sigma = 6{,}896\,85 . \tag{8}$$

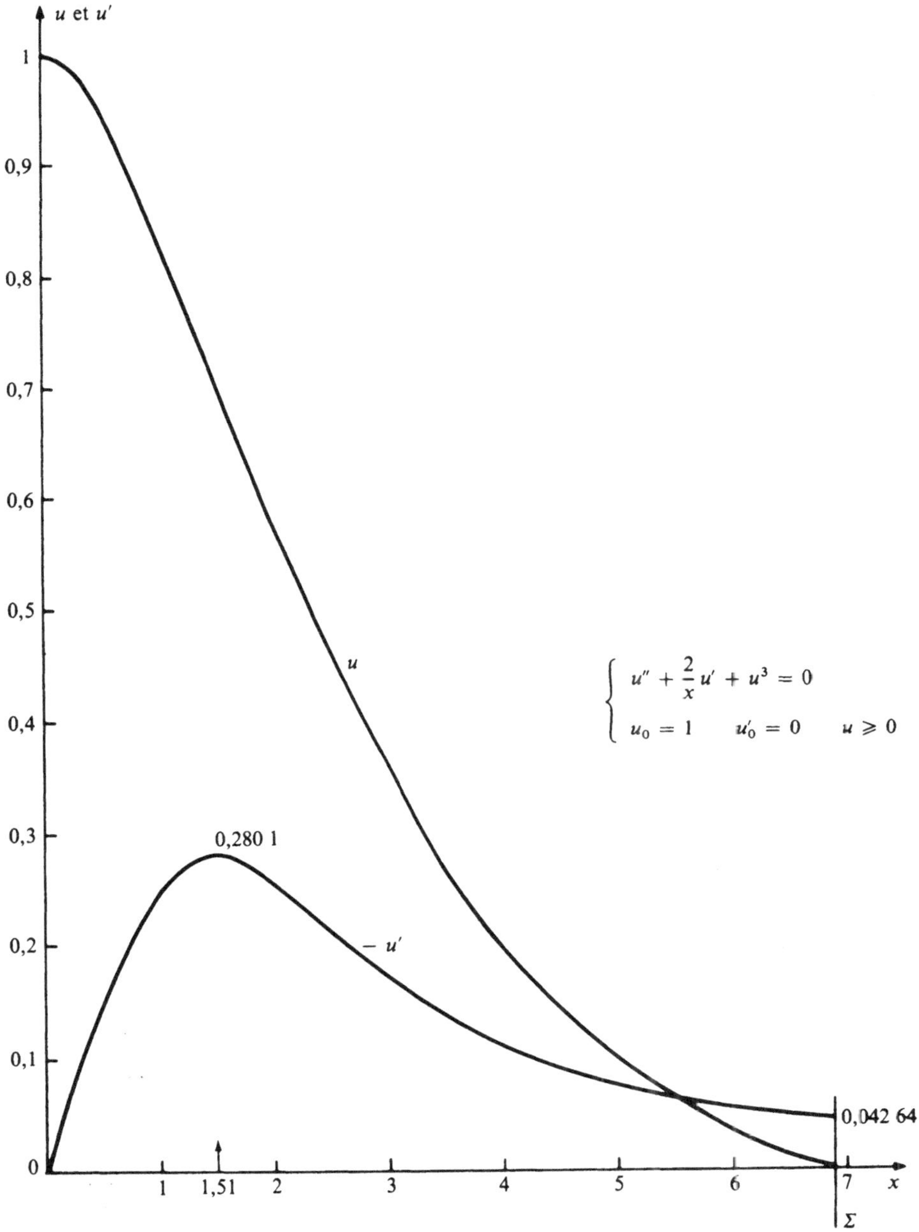

Graphe 1. — *Distribution de la densité u de la matière dans une particule stable*

x_Σ est le « rayon » non dimensionnel de la particule. Avec (3) le rayon λ de la particule s'exprime en fonction de x_Σ et de la densité centrale ρ_0 à l'origine du référentiel par :

(9) $$\lambda = \frac{x_\Sigma}{\xi \rho_0} = \frac{6{,}896\,85}{\xi \rho_0} .$$

La masse propre μ_0 de la particule vaut :

(10) $$\mu_0 = \int_0^\lambda 4\,\pi \rho r^2 \,\mathrm{d}r = \frac{4\,\pi}{\xi^3 \rho_0^2} \int_0^{x_\Sigma} u x^2 \,\mathrm{d}x .$$

L'intégrale se calcule numériquement comme valant :

(11) $$S_0 = \int_0^{x_\Sigma} u x^2 \,\mathrm{d}x = 14{,}191\,5 .$$

La comparaison de (9) et (10) fournit une relation entre la masse propre μ_0 et le rayon λ de la particule :

(12) $$\mu_0 = \frac{4\,\pi S_0}{\xi x_\Sigma^2} \lambda^2 = 1{,}091\,\lambda^2 .$$

On peut enfin définir une densité moyenne ρ_m de la particule :

$$\rho_m = \frac{\mu_0}{\frac{4}{3}\,\pi \lambda^3}$$

qui fournit le rapport ρ_m/ρ_0 entre la densité moyenne et la densité centrale pour toute particule de matière :

(13) $$\frac{\rho_m}{\rho_0} = \frac{3\,S_0}{x_\Sigma^3} = 0{,}129\,8 .$$

3. La solution d'évolution : densité cosmologique et graviton.

La solution statique précédente a défini une particule de matière comme une région *très localisée* de l'espace et de *très grande densité*.

Un autre type de solution de notre équation :

$$\Box^2 \rho_u - \xi^2 \rho_u^3 = 0$$

permet de mettre en évidence un autre type de distribution de la matière, emplissant cette fois-ci *uniformément tout l'espace* : c'est la solution de l'équation d'évolution, obtenue en faisant :

$$\begin{cases} \dfrac{\partial \rho}{\partial x} = \dfrac{\partial \rho}{\partial y} = \dfrac{\partial \rho}{\partial z} = 0 & \forall x^i,\ t \in [0, \infty] \\ \tilde{\rho} \equiv 0 \quad \text{(en moyenne)} \end{cases}$$

soit à résoudre :

$$\text{(14)} \qquad \begin{cases} \dfrac{1}{c^2} \dfrac{d^2\rho}{dt^2} = \xi^2 \rho^3 \\ \rho_{t=\infty} = 0\,. \end{cases}$$

Pour éviter toute divergence de ρ dans le temps nous admettons que cette densité ρ_c solution de (14), que nous nommerons *densité cosmologique*, tend vers 0 pour t tendant vers l'infini.

(14) comporte 2 solutions :

$$\begin{cases} (a) \quad \rho_c = 0 \\ (b) \quad \rho_c = \pm \dfrac{\sqrt{2}}{\xi c} \dfrac{1}{t + t_0} \end{cases} \qquad \forall t \in [0, \infty]$$

où t_0 est une constante d'intégration.

Nos axiomes 4 et 5 relatifs à la conservation de l'impulsion-énergie suggèrent de choisir la solution :

$$\text{(15)} \qquad \rho_c = -\frac{\sqrt{2}}{\xi c} \frac{1}{t + t_0}\,.$$

En effet, la conservation de l'impulsion-énergie *exige* qu'il existe à l'échelle de l'Univers dans son ensemble une quantité importante d'énergie *négative*, venant compenser l'énergie positive communément observée pour la matière. Nous sommes donc conduits à admettre que l'espace que nous appelons « vide » est, en fait, rempli d'une densité d'énergie *négative*, c'est-à-dire d'une densité d'antimatière ρ_c, dont la valeur évolue très lentement dans le temps suivant la relation (15), et doit être actuellement très faible. Avec (II.13), on voit que cette densité cosmologique ρ_c correspond géométriquement à une courbure riemannienne scalaire R pour l'espace dans son ensemble différente de 0, même dans le cas où, comme nous le montrera notre modèle cosmologique (Chap. VIII), la constante cosmologique Λ est nulle. R diminue quand le temps s'écoule, donc le « rayon » de l'espace dans son ensemble augmente, ce que traduit bien l'expansion observée de l'Univers.

Si t_a désigne « l'âge » actuel de l'Univers, la densité cosmologique actuelle dans l'espace « vide » est donc :

$$\rho_{ca} = -\frac{\sqrt{2}}{\xi c}\frac{1}{t_a + t_0}$$

t_a et t_0 seront évalués au chapitre VIII (modèle cosmologique). Nous constaterons alors que :

(16) $$\rho_{ca} = 4{,}26.10^{-27}\ \text{g/cm}^3\ .$$

L'existence de cette densité cosmologique fait de l'espace dit « vide » *un ensemble infini de partons*, ayant chacun pour masse propre (notre axiome 7) :

(17) $$g_c = \Omega_0\,\rho_c = -\frac{\sqrt{2}\,\hbar}{c^2}\frac{1}{t + t_0}\ .$$

Cette masse propre g_c diminue lentement pendant que croît l'âge t de l'Univers spatial. Avec la valeur (16) que nous calculerons pour la densité cosmologique ρ_{ca} actuelle on trouve :

(18) $$g_{ca} = g_0 = -\,5{,}15.10^{-66}\ \text{g}\ .$$

Cette masse propre est négative : nous dirons donc que l'espace est composé d'un ensemble infini d'antipartons, de masse propre fournie par (18).

Nous nommerons antigravitons ces antipartons constituant l'espace « vide ». A cela près que sa masse propre évolue très lentement, l'antigraviton est une particule stable. Comme tout parton, il possède un spin $\pm\frac{1}{2}\hbar$ (notre axiome 8). Comme tout parton également, son « rayon » est nul (Ω_0 n'intervient, rappelons le, que pour faire correspondre un vibrateur élémentaire d'énergie propre $h\nu = \rho\Omega_0 c^2$ en tout point de densité propre ρ). A l'antigraviton correspond une autre particule stable, obtenue en changeant ρ en $-\rho$: c'est le graviton.

4. Les particules stables de matière.

L'observation nous présente 4 particules stables, et 4 seulement :

le proton, l'électron, le neutrino et le photon .

On peut y ajouter le graviton, dont l'existence est simplement présumée.

Nous montrerons, aux chapitres IV et V respectivement, que *l'électron* et *le photon* sont décrits par notre équation en $\tilde{\rho}$ relative au potentiel électrostatique, et non par notre équation relative à ρ réel, qui concerne la matière.

Nous venons de fournir les descriptions du *neutrino* et du *graviton*, existant comme particules stables, au paragraphe 3 qui précède.

Reste *le proton*. En fait, au lieu du proton nous considérerons plus généralement, pour la distribution de *la matière* de cette particule, *le nucléon* (proton ou neutron), car nous montrerons au chapitre IV qui suit que le nucléon est proton ou neutron suivant qu'il est ou non couplé (par interactions faibles) avec un potentiel électrostatique ; la distribution de la densité de la matière, qui seule nous intéresse ici, est (en première approximation) la même dans les deux cas.

Bien entendu, nos équations unitaires restant inchangées quand ρ est changé en $-\rho$, à toute particule stable correspondra une *antiparticule* stable, de masse propre symétrique, obtenue en changeant le signe de ρ.

Pour rendre compte, au moyen de nos équations, de l'existence d'une seule masse propre (autre que celle du graviton) pour les particules *stables de matière*, la masse propre μ_0 du nucléon, nous devons examiner :

a) ce qui a déterminé la valeur de la masse propre des *premières* particules de matière, créées à l'origine de l'Univers ($t = 0$) ;

b) pourquoi l'existence même de ces premières particules stables a ensuite *exclu* la création de particules *stables* de masses différentes.

a) *Création des premières particules.*

Nous définirons la naissance de l'Univers *observable* comme l'instant de la naissance des premiers partons.

Ces partons sont observables par l'énergie qui les caractérise. Cette énergie observable est, à son tour, et comme nous l'avons vu (axiome 7), nécessairement associée à un « volume efficace » :

$$\Omega_0 = \tfrac{4}{3}\pi l_0^3 .$$

Ce volume efficace Ω_0, pour être défini dans l'espace, réclame un temps T associé à l'observation d'un tel volume. Ce temps T doit être en relation avec l'extension $2\,l_0$ dans l'espace du volume Ω_0. Nous proposerons :

$$T = \frac{2\,l_0}{c} . \qquad (19)$$

cT définit une « extension dans le temps » de ces premiers partons observables. La fréquence propre ν_T associée à ces partons est :

$$\nu_T = \frac{1}{T} = \frac{c}{2\,l_0}$$

et leur énergie propre est donc :

$$h\nu_T = \frac{hc}{2\,l_0}\,.$$

Les premières particules de matière vont prendre naissance elles-mêmes à partir de l'énergie $h\nu_T$ de ces premiers partons. La masse propre μ_0 caractérisant ces premières particules de matière va donc être :

$$\mu_0 = \frac{h}{2\,l_0\,c} \tag{20}$$

et, avec la valeur :

$$\Omega_0 = \tfrac{4}{3}\,\pi l_0^3 = 1{,}208\,.\,10^{-39}\ \text{cm}^3$$

adoptée en (II.0) pour notre constante fondamentale Ω_0 nous trouvons :

$$\mu_0 = \frac{h}{c}\left(\frac{\pi}{6\,\Omega_0}\right)^{1/3} = 1{,}672\,.\,10^{-24}\ \text{g}\,. \tag{21}$$

Ω_0 a été choisi ici pour retrouver *exactement* la masse propre *observée* μ_0 du nucléon. Ce résultat (21) ne doit donc nullement être considéré comme une vérification numérique de la théorie : ce sont *les autres* valeurs numériques observées, que nous retrouverons en nous servant de cette valeur définitivement adoptée pour Ω_0, qu'il faudra considérer comme les vérifications numériques de nos équations unitaires.

Notons encore qu'au chapitre VIII, paragraphe 11, nous obtiendrons une confirmation de la relation (20) reliant μ_0 à l_0, en réclamant à l_0 de satisfaire la conservation de l'énergie à l'instant de la « naissance » de l'Univers.

b) *Unicité de la masse propre stable* μ_0.

Nous sommes ici obligés d'anticiper sur ce que nous allons constater au paragraphe 9 ci-dessous, qui concerne la pulsation radiale de la densité de matière d'une particule.

Le nucléon est doté d'une pulsation radiale ω_0, dépendant de sa masse propre μ_0 :

$$\omega_0 = k/\sqrt{\mu_0} \qquad (k = \text{Cte})\,.$$

Cette pulsation engendre, comme nous le verrons, une onde stationnaire dont les phases se propagent dans la densité cosmique ρ_c constituant l'espace « vide » (potentiel gravitationnel du nucléon). Dès la création des premiers nucléons, à l'origine de l'Univers, *l'ensemble* de l'espace devient donc ainsi le siège d'ondes de pulsations propres ω_0, stationnaires dans les référentiels propres des nucléons qui engendrent ces ondes. Cet espace, formé des nucléons, des antigravitons de l'espace « vide » (et des électrons que nous étudierons au chapitre IV) peut alors être considéré comme un gaz de fermions, régi par les statistiques de Fermi-Dirac.

L'équation fournissant la pulsation propre des nucléons et de l'espace (voir § 9) est *non linéaire*. Ceci signifie qu'il ne pourra pas venir se superposer à la solution de pulsation propre ω_0 de solutions de pulsations propres *différentes*. Même l'électron, qui comme nous le verrons (Chap. IV) possède une pulsation seulement « faiblement » couplée à celle de la matière, aura ω_0 pour valeur de sa pulsation propre, c'est-à-dire la même que le nucléon. Il faut donc en conclure que ω_0 est comme « imposé de l'extérieur » aux particules de matière, et il en est donc de même de la masse propre μ_0 des particules stables de matière, puisque μ_0 s'exprime en fonction de ω_0.

Ceci doit entraîner que toute particule de matière de masse propre *différente* de μ_0 ne puisse pas être créée (ou au moins ne puisse pas exister de manière *stable*). En d'autres termes, la masse propre μ_0 du nucléon est celle qui a pris naissance dès l'origine de l'Univers, et a eu sa valeur particulière alors déterminée par la valeur de l'énergie propre des premiers partons ; l'existence même de cette masse propre dans l'espace a ensuite entraîné l'instabilité des particules de matière de masses propres différentes de μ_0.

5. Principe du calcul des interactions dans le sub-observable.

a) Le sub-observable est constitué d'un champ de tachyons et d'un champ de partons, superposés l'un à l'autre dans l'espace. En tout point mathématique de l'espace on définit donc un parton et un tachyon, et on peut chercher à calculer les interactions que subissent ces particules de la part du champ auquel ils appartiennent. Cela revient à faire choix d'un référentiel particulier où partons et tachyons sont « au repos », c'est-à-dire où la vitesse de groupe des partons et la vitesse de phase des tachyons (qui entrent dans le vecteur vitesse unitaire u^α) sont nulles. On peut ainsi définir, dans ce référentiel particulier, une force d'interaction f_A à laquelle est soumis le parton au point A, et une force d'interaction $\tilde{f}_A$ à laquelle est soumis le tachyon en ce même point A. Ces forces ne dépendent alors plus du vecteur vitesse unitaire u^α (puisque $v = 0$), mais seulement des distributions respectives ρ et $\tilde{\rho}$ du potentiel unitaire complexe $\rho_u = \rho + j\tilde{\rho}$ autour du point A considéré.

Nous écrirons ces forces f_A et $\tilde{f}_A$:

$$(22) \qquad \begin{cases} f_A = -(\nabla W_\rho)_A \\ \tilde{f}_A = -(\nabla W_{\tilde{\rho}})_A \,. \end{cases}$$

En nous servant de nos relations relativistes fondamentales (II.8), dans lesquelles nous ferons $\sum_i p_{i\rho}^2 = 0$ et $\sum_i p_{i\tilde{\rho}}^2 = 0$ on aura par ailleurs pour W_ρ et $W_{\tilde{\rho}}$:

$$(23)\qquad \begin{cases} \dfrac{W_{\tilde{\rho}}^2}{c^2} = \xi^2\, \hbar^2 \langle \rho^2 \rangle \\[2ex] \dfrac{W_{\tilde{\rho}}^2}{c^2} = \xi^2\, \hbar^2 \langle \tilde{\rho}^2 \rangle . \end{cases}$$

b) Pour calculer la valeur observable $\overline{\varphi}$ d'une fonction φ associée à chaque parton d'un volume *V fini*, mais cependant toujours composé d'un nombre *infini* de partons (nombre infini de points mathématiques) nous aurons à normer l'intégrale de la fonction φ sur l'ensemble de la distribution limitée par le volume V en faisant :

$$(26)\qquad \overline{\varphi} = \frac{1}{V}\int_V \varphi \, \mathrm{d}\tau .$$

Ainsi, le moment cinétique de rotation M_z d'un nucléon autour de l'axe z de son référentiel propre se calculera comme :

$$(27)\qquad M_z = \frac{1}{V}\int_V \frac{\rho\Omega_0\, \omega r^2\, \mathrm{d}\tau}{\sqrt{1 - \dfrac{\omega^2 r^2}{c^2}}}$$

où ω désigne la vitesse angulaire de rotation de *chaque* parton entrant dans l'ensemble infini de partons contenus dans le volume V, et r sa distance à l'axe z. Notons que, au niveau du sub-observable, M_z est défini sans ambiguïté, nous n'avons pas le problème de la quantification dans l'espace, qui n'apparaît qu'au niveau *observable*.

c) Enfin, pour calculer les interactions entre 2 corpuscules 1 et 2 (2 nucléons par exemple), formés chacun d'un ensemble infini de partons, nous aurons à calculer les *nombres efficaces* n_1 et n_2 de partons se rapportant respectivement à chaque corpuscule et participant à l'interaction totale entre les 2 corpuscules. Si f_{12} désigne la force d'interaction *d'un* parton du corpuscule 1 avec *un* parton du corpuscule 2, la force totale d'interaction entre les 2 corpuscules sera alors fournie par :

$$(28)\qquad f = n_1\, n_2 f_{12} .$$

Pour évaluer ces nombres efficaces nous aurons notamment à déterminer si les corpuscules en présence interagissent au moyen de tous les partons composant *leur volume*, ou s'il s'agit au contraire uniquement des partons composant leur *surface* Σ (cas du potentiel gravitationnel), ou du parton unique réalisant le point de contact entre les surfaces des 2 corpuscules. Nous aurons respectivement pour ces 3 cas :

$$(29) \qquad n_V = \frac{\frac{4}{3}\pi\lambda^3}{\Omega_0} \qquad n_\Sigma = \frac{4\pi\lambda^2}{\pi l_0^2} = \frac{4\lambda^2}{l_0^2} \qquad n = 1$$

où λ désigne le rayon du corpuscule.

Ces nombres efficaces n, qui sont des valeurs « efficaces », ne sont naturellement pas nécessairement entiers.

6. Le nucléon et les interactions fortes.

a) *Densités et dimensions.*

Ayant obtenu avec (21) la masse propre μ_0 de la seule particule *matérielle* stable (indépendamment du graviton, sur les caractéristiques duquel nous reviendrons avec notre modèle cosmologique, Chap. VIII), nous pouvons maintenant calculer en fonction de nos constantes fondamentales c, h et Ω_0 les caractéristiques non électrostatiques du nucléon, dans l'approximation d'une symétrie sphérique de la distribution de la densité ρ. Avec les relations (8) à (13) ci-dessus on a :

— *Densité centrale* :

$$(30) \qquad \rho_0 = \left(\frac{3}{4\pi^7}\right)^{1/6} \frac{S_0^{1/2}\, h}{\Omega_0^{4/3}\, c} = 1{,}622 . 10^{15} \text{ g/cm}^3 .$$

— *Rayon* :

$$(31) \qquad \lambda = \left(\frac{\pi}{48}\right)^{1/6} \frac{x_\Sigma}{S_0^{1/2}}\, \Omega_0^{1/3} = 1{,}238 . 10^{-13} \text{ cm} .$$

— *Densité moyenne* :

$$(32) \qquad \rho_m = \left(\frac{3}{\pi}\right)^{7/6} \frac{1}{2^{1/3}} \frac{S_0^{3/2}}{x_\Sigma^3} \frac{h}{c\Omega_0^{4/3}} = 2{,}104 . 10^{14} \text{ g/cm}^3 .$$

Il est intéressant de comparer la valeur obtenue pour le rayon λ avec les valeurs expérimentales de la section efficace d'interaction proton/proton, qui est de l'ordre de grandeur de $\pi\lambda^2$. Cette section efficace expérimentale varie en fait avec l'énergie, et nous mettrons tout à l'heure (§ 9) en évidence une pulsation radiale du nucléon dont l'amplitude dépend de l'état d'excitation du nucléon, donc de son énergie. Quoi qu'il en soit, l'observation indique que la section efficace d'interaction proton/proton est comprise (variant avec l'énergie) entre 40 et 50 millibarns (1 barn = 10^{-24} cm^2). Nous avons donc :

$$40 . 10^{-27} \leqslant \pi\lambda^2 \leqslant 50 . 10^{-27}$$

soit encore :

$$1{,}13.10^{-13} \leqslant \lambda \leqslant 1{,}26.10^{-13}\ (\text{cm})\,.$$

La valeur (31) pour λ, que nous obtenons par la théorie, et qui représente le rayon « moyen » du nucléon dont la surface est en pulsation radiale, est bien comprise entre les valeurs limites expérimentales.

b) *Les interactions fortes.*

En symétrie sphérique, la solution statique de Lane-Emden est unique. L'interaction « statique » entre 2 nucléons (c'est-à-dire sans mouvement relatif) doit donc être une interaction qui ne modifie pas les distributions de densité des 2 nucléons en présence, c'est-à-dire une interaction à une distance d *exactement* égale à :

$$d = 2\,\lambda$$

où λ est le rayon du nucléon.

Tout autre type d'interaction entre 2 nucléons, pour des distances différentes de $d = 2\,\lambda$ (cas du deutéron par exemple), soit n'est pas du type interaction « forte » (c'est-à-dire matière/matière), soit n'est pas statique, et fait alors intervenir notre équation complète fonction du temps :

$$\frac{1}{c^2}\frac{\partial^2\rho}{\partial t^2} - \nabla^2\rho - \xi^2\,\rho^3 = 0\,.$$

Intéressons-nous ici à l'interaction *statique* entre 2 nucléons (cas des noyaux atomiques sans doute), à distance $d = 2\,\lambda$. Cette interaction fait intervenir *un seul parton*, le parton du point de contact entre les 2 nucléons, sur leurs frontières respectives Σ. La force d'interaction en ce point est donnée par (22) et (23), soit :

$$f_\Sigma = -\,\Omega_0\,c^2\left(\frac{\mathrm{d}\rho}{\mathrm{d}r}\right)_\Sigma.$$

L'analyse numérique de l'équation de Lane-Emden (voir graphe 1) fournit :

$$\left(\frac{\mathrm{d}\rho}{\mathrm{d}r}\right)_\Sigma = \left(\frac{\mathrm{d}\rho}{\mathrm{d}u}\frac{\mathrm{d}u}{\mathrm{d}x}\frac{\mathrm{d}x}{\mathrm{d}r}\right)_\Sigma = -\,0{,}042\,6\,\xi\rho_0^2$$

et donc :

$$f_\Sigma = +\,0{,}042\,6\,\xi\Omega_0\,c^2\,\rho_0^2\,.$$

Cette force d'interaction « forte » peut être comparée à l'interaction électrostatique coulombienne classique entre un proton et un électron situé sur sa surface Σ, qui s'écrit (réf. 3) :

$$f_e = \frac{e^2}{\lambda^2} = \frac{\Omega_0\, c^2\, \alpha}{\xi}\frac{1}{\lambda^2}$$

où $\alpha = e^2/\hbar c = 1/137{,}03$ est la constante de structure fine.

En tenant compte de la relation (9) entre λ et ρ_0 on obtient pour le rapport des interactions fortes et électrostatiques sur la frontière Σ du nucléon :

$$(33)\qquad \left(\frac{f}{f_e}\right)_\Sigma = -\frac{1}{\alpha}\, x_\Sigma^2 \left(\frac{\mathrm{d}u}{\mathrm{d}x}\right)_\Sigma = 277{,}9\,.$$

C'est bien l'ordre de grandeur observé. On remarque que (33) fournit le rapport π/m_0 relatif au méson π à 1 % près.

Nous noterons également, comme le confirme encore l'observation, *la portée finie* de l'interaction forte, qui disparaît dans le cas statique dès que les 2 nucléons sont séparés par une distance supérieure à 2 λ.

7. Distribution des vitesses angulaires de rotation dans le nucléon à spin.

L'observation nous montre que le nucléon possède un moment angulaire de rotation autour d'un de ses axes :

$$M_z = \pm \tfrac{1}{2}\hbar\,.$$

Ce moment angulaire correspond à une *solution à symétrie axiale* de notre équation (6) pour la distribution de la densité u de la matière du nucléon, soit :

$$(34)\qquad \begin{cases} \dfrac{\partial^2 u}{\partial x^2} + \dfrac{\partial^2 u}{\partial z^2} + \dfrac{1}{x}\dfrac{\partial u}{\partial x} + u^3 = 0 \\ \left(\dfrac{\partial u}{\partial x}\right)_{x=0} = 0 \qquad \left(\dfrac{\partial u}{\partial z}\right)_{z=0} = 0 \qquad u_{x=z=0} = 1\,. \end{cases}$$

Au niveau *sub-observable* nous pouvons chercher à exprimer le moment angulaire M_z à partir de (34) en traitant le problème de manière classique, c'est-à-dire sans nous préoccuper de la quantification dans l'espace, qui n'intervient que dans l'observable.

Nous allons cependant constater un effet qui n'est pas « classique » : M_z prend naissance non pas à cause d'un véritable mouvement de rotation de la matière du nucléon autour de l'axe z, mais parce que la solution à symétrie axiale pour la distribution de u soumet chaque parton constituant la matière du nucléon à une force « centrifuge » dans le référentiel propre du nucléon, force qui peut s'interpréter « comme si » c'était un mouvement de rotation autour de z qui l'avait engendrée. En d'autres termes, alors que dans l'observation macroscopique « classique » c'est le mouvement de rotation qui engendre la force centrifuge, puis celle-ci qui engendre à son tour la forme de la distribution de la matière (ellipsoïde de révolution ou sphère aplatie), dans le sub-observable on constate que c'est la forme de la distribution de la matière (solution possible des équations unitaires) qui impose la force centrifuge, mais sans entraîner nécessairement un véritable mouvement de rotation. Dans l'observation courante un observateur extérieur pourra donc orienter l'axe z et convenir d'un sens de rotation entraînant M_z (donc orienter M_z), puisque le phénomène lui présentera de la matière *effectivement* animée d'un mouvement de rotation ; dans le sub-observable on se trouve en fait incapable de donner un signe à M_z, puisque rien ne tourne. Le signe de M_z reste vraiment indéterminé ($\pm \frac{1}{2} \hbar$).

Un parton quelconque appartenant à la matière du nucléon à spin est soumis à une force qui vaut, d'après (22) et (23) :

$$f = - \Omega_0 \, c^2 \, \nabla\rho = - \Omega_0 \, c^2 (\overline{\nabla}\rho + \mathring{\nabla}\rho) \, .$$

Nous avons décomposé ci-dessus cette force f entre sa partie radiale associée au gradient $\overline{\nabla}\rho$, et sa partie « centrifuge », associée au gradient $\mathring{\nabla}\rho$ (voir schéma).

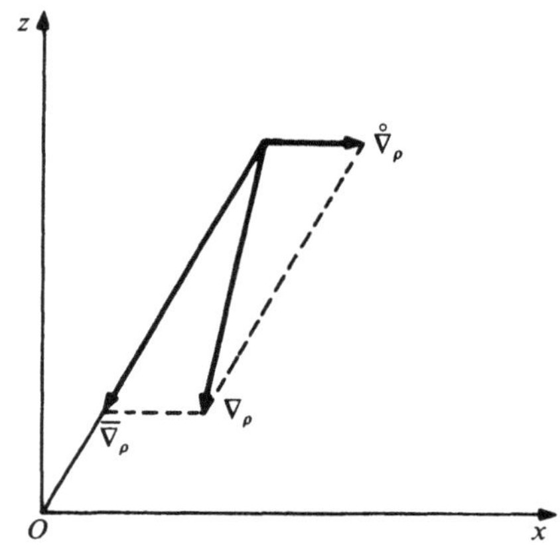

On calcule :

$$\mathring{\nabla}\rho = \frac{\partial\rho}{\partial x} - \frac{x}{z}\frac{\partial\rho}{\partial z} \, .$$

Cette composante centrifuge de la force f permet d'introduire elle-même une vitesse angulaire de rotation ω du parton considéré autour de l'axe de spin z, définie au signe près puisqu'il n'existe ici aucun mouvement réel de rotation :

$$\mathring{f} = -\Omega_0 c^2 \mathring{\nabla}\rho = \frac{\rho\Omega_0 \omega^2 x}{\sqrt{1 - \frac{\omega^2 x^2}{c^2}}}$$

d'où l'on tire :

$$\omega = \pm \left[\frac{c^2 \mathring{\nabla}\rho(\sqrt{x^2 \mathring{\nabla}^2\rho + 4\rho^2} + x\mathring{\nabla}\rho)}{2x\rho^2} \right]^{1/2}$$

et avec (27) :

$$M_z = \pm \frac{1}{V} \int_V \frac{\rho\Omega_0 \omega x^2 \, dv}{\sqrt{1 - \frac{\omega^2 x^2}{c^2}}} = \pm \frac{1}{2}\hbar$$

où V désigne le volume du nucléon.

Choisissons un temps non dimensionnel τ :

(35) $$\tau = \xi\rho_0 ct\,.$$

Les relations précédentes, écrites sous forme non dimensionnelle en tenant compte de (35) et (3), deviennent :

(36) $$\begin{cases} (a) \quad \mathring{\nabla}u = \dfrac{\partial u}{\partial x} - \dfrac{x}{z}\dfrac{\partial u}{\partial z} \\ (b) \quad \omega = \pm \left[\dfrac{\mathring{\nabla}u(\sqrt{x^2 \mathring{\nabla}^2 u + 4u^2} + x\mathring{\nabla}u)}{2xu^2}\right]^{1/2} \\ (c) \quad M_z = \pm \dfrac{1}{V}\displaystyle\int_V \dfrac{u\omega x^2 \, dv}{\sqrt{1 - \omega^2 x^2}} = \pm \dfrac{1}{2} \end{cases}$$

où V est ici le volume non dimensionnel du nucléon.

Nous avons procédé à l'analyse numérique du système (34-36), en postulant pour la forme du nucléon à spin autour de l'axe z celle d'un *ellipsoïde de révolution d'axe z* (ellipse pour la frontière Σ dans le référentiel x, z)), les demi-grand axe a et petit axe b étant fournis par :

$$\begin{cases} a = x_\Sigma + \Delta = 6{,}896\,85 + \Delta \\ b = x_\Sigma - \Delta = 6{,}896\,85 - \Delta \end{cases}$$

où x_Σ est la coordonnée de la frontière Σ obtenue en (8) pour la symétrie sphérique. On a alors :

$$V = \tfrac{4}{3}\,\pi a^2\, b\,.$$

Le problème a consisté à :

a) Calculer Δ pour que (36 *c*) soit satisfait.

b) Rechercher ensuite la distribution selon x et z de la vitesse angulaire $\omega(x, z)$ et de la vitesse linéaire de rotation $v(x, z)$. Avec (35) on voit que cette vitesse v est égale à 1 pour la vitesse de la lumière.

Nous avons obtenu :

$$\Delta = 0{,}484\,4$$

soit :

$$a = x_\Sigma + \Delta = 7{,}381\,2$$
$$b = x_\Sigma - \Delta = 6{,}412\,4$$

et une excentricité ε pour le nucléon à spin $\pm \tfrac{1}{2}\hbar$:

$$\varepsilon = \frac{\sqrt{a^2 - b^2}}{a} = 0{,}496\,.$$

Le volume V non dimensionnel vaut :

$$V = \tfrac{4}{3}\,\pi a^2\, b = 1\,463{,}40\,.$$

Notons que, étant donné que les résultats précédents sont *non dimensionnels*, ils restent valables pour *toutes* les particules matérielles de spin $\pm \tfrac{1}{2}\hbar$.

Nous fournissons, sur le graphe 2 ci-contre, les valeurs numériques obtenues pour $\omega(x, z)$ et $v(x, z)$. On remarque que :

- La vitesse linéaire v tend vers la vitesse de la lumière $v = 1$ quand on tend vers la frontière Σ du nucléon, où $u = 0$.
- Dans le plan équatorial, la vitesse angulaire diminue d'un facteur 2,25 environ entre l'axe z et la frontière Σ.
- Sur l'axe z la vitesse angulaire passe par un minimum autour de $z = 4$, puis croît à nouveau, pour tendre vers l'infini au pôle $z = b$.
- La vitesse angulaire sur la frontière Σ croît avec les valeurs de z.

8. Les solutions périodiques.

Reprenons nos équations unitaires (4 *a* et *b*) fournissant sous forme non dimensionnelle les distributions d'espace-temps de la densité u de la matière et du potentiel électrostatique $\tilde{u}$:

$$(37) \qquad \begin{cases} \Box^2\, u - u^3 + 3\,\tilde{u}^2\, u = 0 \\ \Box^2\, \tilde{u} + \tilde{u}^3 - 3\,u^2\, \tilde{u} = 0\,. \end{cases}$$

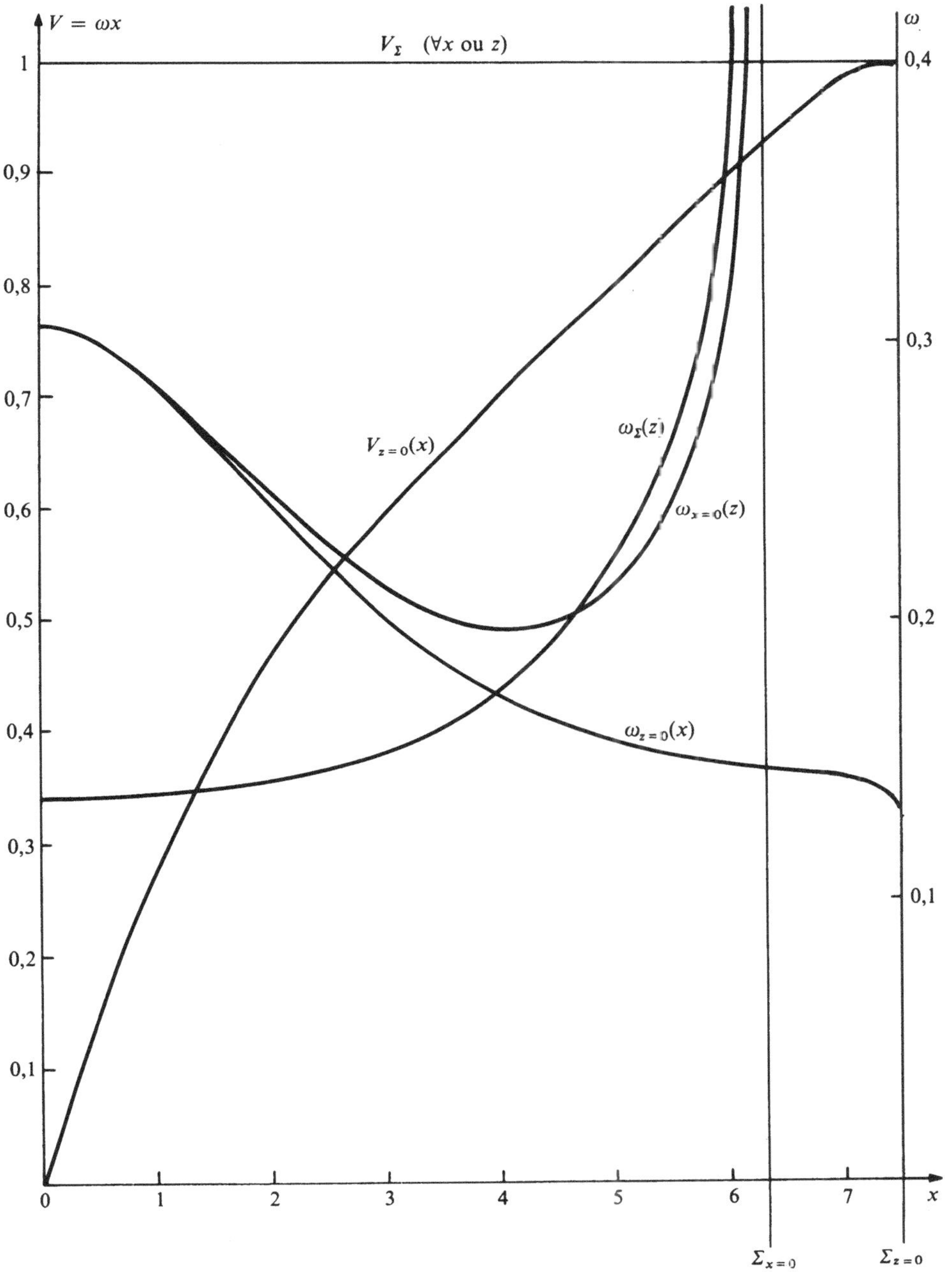

Graphe 2. — *Distribution des vitesses angulaires ω et des vitesses linéaires $V = \omega x$ dans le nucléon à spin $\pm \frac{1}{2} \hbar$ d'axe z*

Nous nous intéressons maintenant à une éventuelle *pulsation radiale* du nucléon. Nous rechercherons pour cela si les équations précédentes comportent des solutions périodiques dans le temps, sous forme d'ondes stationnaires dans le référentiel défini par les conditions aux limites des équations (4 *a* et *b*) ci-dessus

$$u_{x^i=0,\tau=0} = 1 \qquad \left(\frac{\partial u}{\partial x_i}\right)_{x_i=0} = \left(\frac{\partial \tilde{u}}{\partial x_i}\right)_{x_i=0} = 0 \qquad \forall \tau .$$

Nous écrirons ces solutions périodiques :

$$(38) \qquad \begin{cases} u(x,\tau) = u_s(x) + a(x)\,e^{j\omega\tau} \\ \tilde{u}(x,\tau) = \tilde{u}_s(x) + b(x)\,e^{j\tilde{\omega}\tau} \end{cases}$$

où $u_s(x)$ et $\tilde{u}_s(x)$ représentent les solutions *statiques* du système (37) ($\partial/\partial t \equiv 0$).

En tenant compte de :

$$\tilde{u}_s(x) \equiv 0$$

fourni en (5) pour la solution statique du potentiel électrostatique les relations (37) et (38) conduisent à :

$$(39) \quad \nabla^2 a + (3\,u_s^2 + \omega^2)\,a + 3\,u_s\,e^{j\omega\tau}(a^2 - b^2\,e^{2j(\tilde{\omega}-\omega)\tau}) + a(a^2\,e^{2j\omega\tau} - 3\,b^2\,e^{2j\tilde{\omega}\tau}) = 0$$

$$(40) \quad \nabla^2 b + (3\,u_s^2 + \tilde{\omega}^2)\,b + 3\,ab\,e^{j\tilde{\omega}\tau}(2\,u_s + a\,e^{j\omega\tau}) - b^3\,e^{2j\tilde{\omega}\tau} = 0 .$$

Notons que ce système (39-40) est tel que :

- $\underline{a \equiv 0 \text{ et } b \equiv 0}$ est solution du système (on retrouve alors la solution statique pour u et $\tilde{u}$).
- Si $b \equiv 0$ seulement (pas de potentiel électrostatique) l'équation (40) est satisfaite et l'équation pour la pulsation de la matière en l'absence de potentiel électrostatique est :

$$\nabla^2 a + (3\,u_s^2 + \omega^2) + 3\,u_s\,a^2\,e^{j\omega\tau} + a^3\,e^{2j\omega\tau} = 0 .$$

- Si $a \equiv 0$ seulement (potentiel électrostatique mais pas de pulsation de la matière) on a pour (39-40) :

$$\begin{cases} 3\,u_s\,b^2\,e^{2j\tilde{\omega}\tau} = 0 \\ \nabla^2 b + (3\,u_s^2 + \tilde{\omega}^2)\,b - b^3\,e^{2j\tilde{\omega}\tau} = 0 \end{cases}$$

et puisque $u_s \equiv 0$ n'est pas possible (puisque $u_s = 1$ à $x = 0$, par hypothèse) il faut nécessairement que

$$b \equiv 0 \qquad \forall x \text{ et } \tau .$$

Donc, inversement, en présence d'un potentiel électrostatique ($b \neq 0$) une distribution de matière est nécessairement en pulsation ($a \neq 0$).

Rappelons d'abord que, d'après la solution statique de Lane-Emden, nous avons :

$$0 \leqslant u_s \leqslant 1 .$$

Nous allons admettre que *les amplitudes a et b non dimensionnelles restent petites devant l'unité,* $\forall x$ *et* τ.

(39) comprend alors des termes du premier ordre en a et b, et aussi des termes du second et troisième ordre en $a^n b^m$.

(39-40) nous montre que les solutions $u(x, \tau)$ et $\tilde{u}(x, \tau)$ présenteront une pulsation fondamentale ω et des pulsations harmoniques $2\,\omega$ et $3\,\omega$ dont les amplitudes sont du 2e et 3e ordre par rapport à l'amplitude de la pulsation fondamentale ω.

Nous allons d'abord nous intéresser, dans ce chapitre et le suivant, aux solutions périodiques des équations (37) *en limitant ces équations aux termes du premier ordre en a et b.*

Avec cette approximation (39) et (40) deviennent :

$$\nabla^2 a + (3\,u_s^2 + \omega^2)\,a = 0 \tag{41}$$

$$\nabla^2 b + (3\,u_s^2 + \tilde{\omega}^2)\,b = 0 . \tag{42}$$

On constate que :

- a et b, qui étaient légèrement couplés par des termes du 2e et 3e ordre en $a^n b^m$ dans (39-40), sont maintenant *complètement découplés* ;
- b est cependant étroitement couplé à la densité *statique* u_s de la matière ;
- les équations sont ici *linéaires* en a et b, c'est-à-dire que les amplitudes a et b sont définies à un facteur multiplicatif près.

Nous allons voir que ces équations (41-42) jouent un rôle fondamental :

— (41) pour décrire la *pulsation radiale* du nucléon (§ 9 ci-dessous), puis pour décrire le *potentiel gravitationnel* de ce nucléon, à l'extérieur de sa frontière Σ (Chap. VI).

— (42) pour décrire le *potentiel électrostatique* pour $x \in [0, \infty]$, avec ou sans présence de matière, puis pour décrire la particule stable associée à ce potentiel, *l'électron* (Chap. IV) ;

— pour décrire le couplage matière-potentiel électrostatique (couplage de b à u_s dans (42)), dans les *interactions dites « faibles »* (Chap. VII).

Revenant ensuite aux équations *non linéaires* complètes (39) et (40), nous constaterons que les termes d'ordre supérieur à 1 dans ces équations rendent compte des *mouvements périhéliens* gravitationnels (Chap. VI).

9. La pulsation radiale du nucléon.

Les observations expérimentales de l'interaction électron-proton, ou électron-neutron, mettent en évidence le fait que la frontière du nucléon est mal définie (fuzzy boundary). Nous allons rechercher comment nos équations unitaires justifient cette observation en démontrant qu'il existe comme solution de ces équations une pulsation de la frontière Σ du nucléon (définie par $u_\Sigma = 0$).

Reprenons l'équation linéaire (41), qui nous indique comment varie en première approximation la densité u dans le nucléon à pulsation ω_0 :

$$u(x, \tau) = u_s(x) + a(x)\, e^{j\omega_0 \tau} .$$

En symétrie sphérique, que nous admettrons ici, (41) s'écrit :

$$(43) \qquad \begin{cases} \dfrac{d^2 a}{dx^2} + \dfrac{2}{x}\dfrac{da}{dx} + (3\, u_s^2 + \omega_0^2)\, a = 0 \\ a_{x=0} = a_0 \qquad \left(\dfrac{da}{dx}\right)_{x=0} = 0 \end{cases}$$

$(da/dx)_{x=0} = 0$ exprime la continuité de la densité de la matière au centre du nucléon, quel que soit τ. u_s est la solution statique de Lane-Emden, examinée au paragraphe 2. L'amplitude a_0 de la pulsation, à l'origine du référentiel, est ici définie à un facteur multiplicatif près (équation linéaire). Nous poserons :

$$a_{x=0} = a_0 = 1 .$$

Notons que la recherche de la solution de (43) pose un problème *à frontière libre*, puisque nous admettons que la frontière Σ du nucléon est définie par :

$$u_\Sigma(x, \tau) = 0 \qquad (\forall \tau) .$$

Cette frontière Σ dépend à son tour de la valeur de la pulsation ω_0, qu'il nous faut donc d'abord déterminer pour résoudre (43).

Nous nous servirons pour cela de notre axiome 11, postulant l'équipartition de l'énergie entre le spin et la pulsation radiale, dès le niveau de chaque parton. Cet axiome doit donc également s'appliquer *à l'ensemble* des partons composant la matière du nucléon.

L'énergie propre $\rho \Omega_0\, c^2$ d'un parton est écrite, sous son aspect ondulatoire, comme celle d'un vibrateur élémentaire de fréquence propre ν, l'énergie $h\nu$ se partageant également entre une fréquence de spin ν_s et une fréquence ν_r associée à la pulsation radiale :

$$h\nu = h\nu_s + h\nu_r = 2\, h\nu_r = \rho \Omega_0\, c^2 .$$

Appliquons cette relation *à l'ensemble* des partons composant la matière d'un nucléon. On va ainsi pouvoir définir une fréquence *moyenne* $\overline{\nu}_r$ de pulsation radiale, due aux effets superposés des pulsations radiales de l'ensemble des partons :

$$h\overline{\nu}_r = \frac{1}{V} \sum_{\text{vol. } V \text{ du nucléon}} h\nu_r = \frac{1}{V}\int_V \frac{\rho\Omega_0\, c^2}{2}\, \mathrm{d}v = \frac{h\overline{\omega}_0}{2\,\pi}$$

soit encore :

$$\frac{h\overline{\omega}_0}{2\,\pi} = \frac{1}{2}\frac{\Omega_0\, c^2}{V}\int_V \rho\, \mathrm{d}v = \frac{1}{2}\,\Omega_0\, c^2\, \rho_m = \frac{1}{2}\frac{h}{2\,\pi}\,\xi c \rho_m \tag{44}$$

où ρ_m est la densité *moyenne* du nucléon, calculée en (13). $\overline{\omega}_0$ est la pulsation radiale de l'ensemble du nucléon exprimée sous forme dimensionnelle ; pour retrouver la pulsation non dimensionnelle ω_0 figurant dans (43) nous utiliserons (35) :

$$\omega_0 = \frac{\overline{\omega}_0}{\xi c \rho_0}$$

soit finalement, avec (44) :

$$\omega_0 = \frac{1}{2}\frac{\rho_m}{\rho_0} = \frac{3}{2}\frac{S_0}{x_\Sigma^3} = 0{,}064\,. \tag{45}$$

Cette pulsation *moyenne* d'ensemble du nucléon ne doit naturellement pas être confondue avec la fréquence ν_0 caractérisant l'aspect ondulatoire observable (onde broglienne) du nucléon, et définie par : $h\nu_0 = \mu_0\, c^2$ en fonction de la masse propre μ_0 du nucléon. Nous avons montré (T.U. p. 42) comment ν_0 pouvait également être exprimé à partir de l'ensemble des vibrateurs élémentaires (c'est-à-dire des partons) composant le nucléon.

La valeur numérique de ω_0 donnée par (45) sera calculée à nouveau, et confirmée, au chapitre IV qui suit (§ 3).

Le graphe 3 fournit la solution numérique de (43) pour cette valeur ω_0 de la pulsation radiale du nucléon.

a_0 a été ici arbitrairement choisi égal à 1 : nous devons cependant nous souvenir que, dans les équations *non linéaires* complètes (37), a_0 serait déterminé de manière unique par la solution obtenue.

L'amplitude radiale de pulsation de la frontière Σ, où u_Σ est nul quel que soit τ, est elle-même définie à partir de la solution de (43) représentée sur le graphe 3, au moyen de la relation :

$$u(x_\Sigma, \tau) = u_s + a(x_\Sigma)\, \mathrm{e}^{j\omega_0\tau} = 0$$

$x_\Sigma(\tau)$ oscille autour de la valeur $x_\Sigma = 6{,}896\ 85$ fournie en (8) pour la solution statique u_s.

On peut encore dire que chaque point de densité u donnée dans le nucléon subit une pulsation radiale dont l'élongation se calcule à partir du graphe de $a(x)$ fourni ci-contre, la frontière Σ correspondant sensiblement, comme on le constate, à un ventre de vibration où $u = 0, \forall\tau$. Il existe un nœud de vibration, pour $x = 2{,}1$. Enfin, les points situés de part et d'autre de ce nœud de vibration ont des amplitudes de signes contraires.

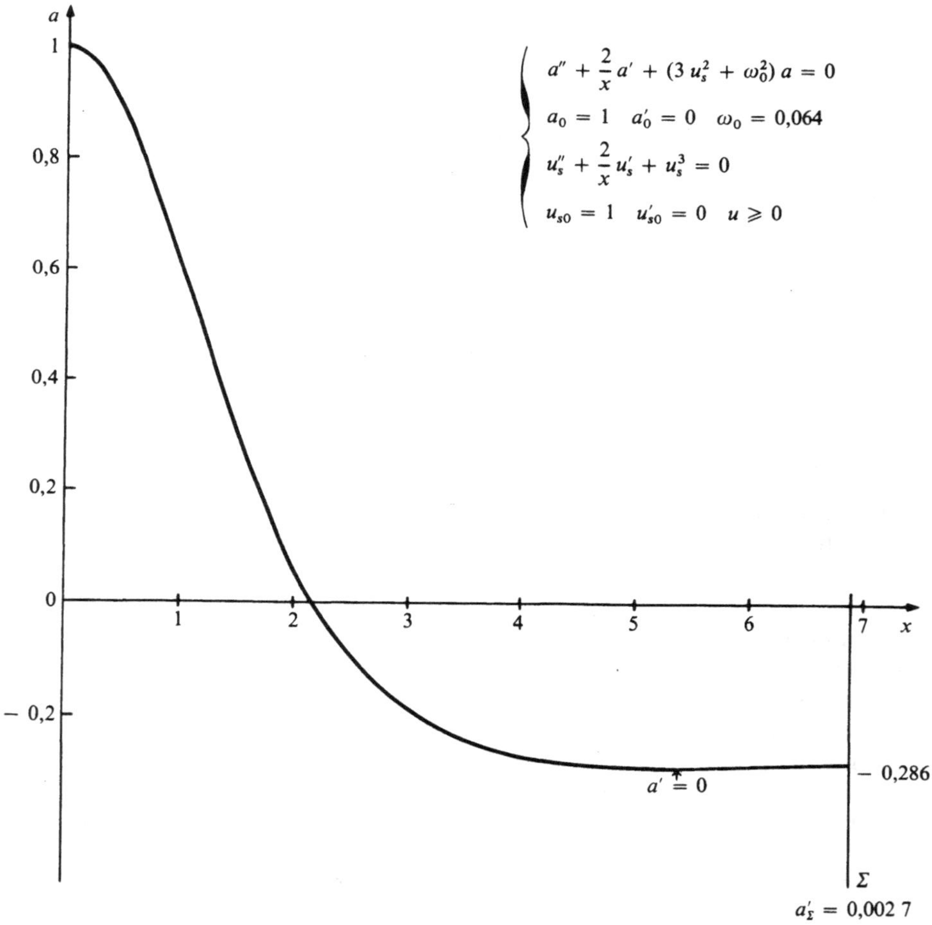

Graphe 3. — *Amplitude a de la pulsation radiale de la densité du nucléon en fonction de la distance x*

10. Le potentiel gravitationnel du nucléon.

Chaque nucléon est plongé, au point de vue de la distribution *de la matière* qui le constitue, dans l'espace « vide ». Nous avons vu (§ 3) que cet espace « vide » était en fait caractérisé par une densité cosmologique u_c, solution de nos équations unitaires d'évolution, et exprimée en (15) :

$$u_c = \frac{\rho_c}{\rho_0} = -\frac{\sqrt{2}}{\tau + \tau_0} . \qquad (46)$$

Considérons les partons constituant cet espace « vide » cosmologique dans la région de l'espace balayée par la frontière Σ du nucléon, pendant la pulsation de cette particule. Au passage de Σ un tel parton est porté de la densité u_c qui caractérise l'espace « vide » à la densité $u = 0$, puisque tout point situé sur la frontière Σ du nucléon possède, par définition de Σ, une densité nulle.

Ceci entraîne que chaque parton de l'espace « vide » entrant en contact avec la frontière Σ (donc chaque parton sur Σ) devient l'origine d'une oscillation $u(\tau)$, d'amplitude u_c, de pulsation $\omega_0 = 0{,}064$, de la densité cosmologique, autour de la valeur u_c caractérisant l'espace « vide ».

Conservons pour référentiel le référentiel propre du nucléon. Chaque parton de la frontière Σ du nucléon peut donc être considéré comme à l'origine d'une onde stationnaire :

$$u(x, \tau) = u_c + a(x)\, e^{j\omega_0\tau}$$

à nouveau solution de notre équation (43) décrivant la pulsation du nucléon, soit :

$$(47) \quad \begin{cases} \dfrac{d^2a}{dx^2} + \dfrac{2}{x}\dfrac{da}{dx} + (3\,u_c^2 + \omega_0^2)\,a = 0 \\ \left(\dfrac{da}{dx}\right)_{x_\Sigma} = 0 \qquad a_{x=x_\Sigma} = u_c \qquad a_{x=\infty} = 0 \qquad x \in [x_\Sigma, \infty] . \end{cases}$$

Compte tenu du fait que, pour l'âge actuel de l'Univers, la densité cosmologique est très faible (rel. 16) :

$$u_c = -\frac{\sqrt{2}}{\tau + \tau_0} = -\,2{,}62 . 10^{-42}$$

nous aurons :

$$3\,u_c^2 \ll \omega_0^2$$

et la solution de (47) est donc pratiquement celle de l'équation :

$$\frac{d^2a}{dx^2} + \frac{2}{x}\frac{da}{dx} + \omega_0^2\, a = 0$$

qui admet pour solution exacte :

$$(48) \qquad a = \frac{u_c}{\omega_0}\frac{1}{x - x_\Sigma}\sin\left[\omega_0(x - x_\Sigma)\right].$$

Soit n_Σ le nombre « efficace » de partons sur la frontière Σ, dont chacun est à l'origine de l'onde (48) décrite ci-dessus, stationnaire dans le référentiel propre du nucléon. Nous avons (29) :

$$n_\Sigma = \frac{4\,\pi\lambda^2}{\pi l_0^2} = \frac{4\,\lambda^2}{l_0^2} \qquad \left(\Omega_0 = \frac{4}{3}\pi l_0^3\right).$$

Finalement, nous voyons que la frontière Σ du nucléon est la source, au cours de sa pulsation radiale, d'une onde $u_g(x, \tau)$ fournie par :

$$(49) \qquad u_g(x, \tau) = u_c + n_\Sigma \frac{u_c}{\omega_0}\frac{1}{x - x_\Sigma}\sin\left[\omega_0(x - x_\Sigma)\right]\sin\omega_0\,\tau\,.$$

Cette onde u_g engendrée dans l'espace « vide » cosmique par le nucléon en pulsation, et stationnaire dans le référentiel propre du nucléon, est le *potentiel gravitationnel* du nucléon.

Nous justifierons cette conclusion en retrouvant numériquement, à partir de (49), la valeur G de la « constante » de la gravitation, au chapitre VI qui aura pour objet l'étude détaillée de l'interaction gravitationnelle.

CHAPITRE IV

L'ÉLECTRON ET LES INTERACTIONS ÉLECTROSTATIQUES

Nous nous intéressons, dans ce chapitre, à la distribution $\tilde{u}(x, \tau)$ du potentiel électrostatique. Celui-ci est solution de notre équation de distribution du potentiel complexe ρ_u, soit encore solution du système (III.37) :

$$\begin{cases} \square^2 u - u^3 + 3\,\tilde{u}^2 u = 0 \\ \square^2 \tilde{u} + \tilde{u}^3 - 3\,u^2 \tilde{u} = 0 \,. \end{cases}$$

Il ne peut exister (III.5) d'autre solution *statique* des équations précédentes pour $\tilde{u}$ que :

$$\tilde{u}_s \equiv 0 \qquad (\forall x)$$

auquel correspond le neutrino (Chap. III).

Nous considérerons maintenant les distributions du potentiel électrostatique fournies par les solutions *périodiques* (III.39 et 40). Dans l'approximation du 1er ordre, que nous retiendrons dans ce chapitre, l'amplitude b du potentiel électrostatique est solution de (III.42) :

(1) $$\nabla^2 b + (3\,u_s^2 + \tilde{\omega}^2)\,b = 0$$

où u_s désigne la solution statique pour la distribution de la densité *de la matière*, et $\tilde{\omega}$ une pulsation propre au potentiel électrostatique que nous allons calculer (et trouver égale à ω_0, pulsation propre *de la matière* du nucléon, voir III.45).

A partir des solutions $b(x)$ de (1) l'onde stationnaire $\tilde{u}(x, \tau)$ décrivant le potentiel électrostatique est alors :

(2) $$\tilde{u}(x, \tau) = b(x)\,e^{j\tilde{\omega}\tau} \,.$$

Dans tout ce qui suit nous procéderons à l'analyse numérique de (1) en nous limitant à la *symétrie sphérique*, soit :

(3) $$\begin{cases} \dfrac{d^2 b}{dx^2} + \dfrac{2}{x}\dfrac{db}{dx} + (3\,u_s^2 + \tilde{\omega}^2)\,b = 0 \\ \left(\dfrac{db}{dx}\right)_{x=0} = 0 \qquad (b)_{x=0} = b_0 \qquad (b)_{x=\infty} = 0 \,. \end{cases}$$

Rappelons que b_0 est ici défini à un facteur multiplicatif près, mais que dans le cas de nos équation complètes *non linéaires* (III.39 et 40) les valeurs de a_0 et b_0 ne sont pas arbitraires, mais imposées par les solutions (uniques si elles existent) des équations.

Nous examinerons tour à tour les solutions de (3) qui correspondent aux potentiels électrostatiques du neutron, de l'électron et du proton.

1. Le neutron.

Son potentiel électrostatique correspond à la solution de (3) :

$$b \equiv 0 \qquad (\forall x \text{ et } \tau) .$$

Nous justifierons, au chapitre V qui suit, l'existence d'un moment magnétique non nul du neutron à partir de la seule distribution (à symétrie axiale, compte tenu du spin) *de la matière* de cette particule.

2. L'électron.

(3) suggère immédiatement l'existence d'une solution pour l'onde électrostatique $\tilde{u}(x, \tau)$ *en l'absence de matière*, ou plutôt en présence de la seule densité cosmologique u_c remplissant uniformément l'espace dit « vide ». On a alors :

$$\frac{d^2b}{dx^2} + \frac{2}{x}\frac{db}{dx} + (3\,u_c^2 + \tilde{\omega}^2)\,b = 0 .$$

Compte tenu de la petitesse de u_c (III.16), nous avons :

$$3\,u_c^2 \ll \tilde{\omega}^2$$

et nous étudierons l'équation :

$$(4) \qquad \begin{cases} \dfrac{d^2b}{dx^2} + \dfrac{2}{x}\dfrac{db}{dx} + \tilde{\omega}^2\,b = 0 \\ \left(\dfrac{db}{dx}\right)_{x=0} = 0 \qquad b_{x=\infty} = 0 \end{cases}$$

dont la solution exacte est :

$$b = \frac{b_0}{\tilde{\omega}}\frac{1}{x}\sin\tilde{\omega}x$$

où b_0 désigne la valeur de b à l'origine du référentiel. L'onde stationnaire dans le référentiel considéré décrivant le potentiel électrostatique $\tilde{u}(x, \tau)$ est alors fournie par :

$$(5) \qquad \tilde{u}(x, \tau) = \frac{b_0}{\tilde{\omega}}\frac{1}{x}\sin\tilde{\omega}x\,\sin\tilde{\omega}\tau .$$

Nous nommerons *électron* le tachyon situé au centre du référentiel, où $db/dx = 0$ et où $b = b_0$.

Nous nommerons *potentiel électrostatique de l'électron* l'onde stationnaire dans le référentiel de l'électron décrite par (5), pour $x \in [0, \infty]$.

Avec ces définitions, que nous justifierons numériquement tout à l'heure en retrouvant les valeurs expérimentales, nous constatons que :

- l'électron est de nature *purement électrostatique*, la seule matière à laquelle il demeure inévitablement associé étant celle de l'espace « vide », de densité constante u_c ;
- l'électron est *indissociable du potentiel électrostatique* dont il est l'origine ;
- comme tout tachyon, l'électron *n'a pas d'étendue* dans l'espace, il est rigoureusement ponctuel, son rayon r_e doit être considéré comme nul :

$$r_e = 0\,;$$

- comme tout tachyon également, il doit être considéré (notre axiome 8) comme doté du *spin* $\pm \frac{1}{2}\hbar$;
- *les phases* de l'onde stationnaire monochromatique $\tilde{u}(x, \tau)$ se propagent dans un référentiel à vitesse $v = c/\beta \geqslant c$ $(\beta \leqslant 1)$ par rapport au référentiel propre de l'électron avec la vitesse de phase $\mathcal{V} = c^2/v = \beta c \leqslant c$. $\mathcal{V}$ est la vitesse *observée* de l'électron (T.U., p. 38).

L'énergie propre W_0 de l'électron est fournie par notre équation relativiste (II.8) appliquée au tachyon à l'origine du référentiel (où $\tilde{\rho} = \tilde{\rho}_e$), pour une vitesse nulle de la vitesse de phase de ce tachyon dans le référentiel considéré $\left(\sum_{i=1}^{3} p_i^2 = 0\right)$ soit :

$$\frac{1}{\hbar^2}\left[\frac{W^2}{c^2} - \sum_{i=1}^{3} p_i^2\right] = \frac{1}{\hbar^2}\frac{W_0^2}{c^2} = \xi^2 \langle \tilde{\rho}^2 \rangle_{x=0} = \xi^2 \langle \tilde{\rho}_e^2 \rangle\,.$$

Comme $\tilde{u}(0, \tau)$ varie sinusoïdalement dans le temps entre $+ b_0$ et $- b_0$, nous aurons :

$$W_0^2 = \xi^2 \hbar^2 c^2 \rho_0^2 \frac{b_0^2}{2} = \Omega_0^2 c^4 \rho_0^2 \frac{b_0^2}{2} \tag{6}$$

où nous rapportons comme d'habitude la valeur non dimensionnelle b_0 à la densité ρ_0 au centre du nucléon, au moyen des relations (III.3 et 35).

Cette énergie propre W_0 de l'électron permet de définir une *masse propre* de l'électron :

$$\frac{W_0}{c^2} = m_0 = \Omega_0\, \rho_0 \frac{b_0}{\sqrt{2}}\,. \tag{7}$$

Une masse propre m_0 de même valeur absolue, mais *négative*, peut également être définie à partir du carré W_0^2 de l'énergie propre ; elle concerne l'antiparticule correspondant à l'électron, *le positron*, associée comme nous l'avons vu (axiome 12) aux solutions d'énergies *négatives* de nos équations unitaires.

3. Le proton.

Considérons à nouveau notre équation (3), où u_s désigne maintenant la distribution statique de la densité de matière du nucléon. Une solution différente de $b \equiv 0$ (qui est le cas du neutron, § 1 ci-dessus) peut exister et venir alors se superposer dans l'espace à la distribution u_s de la matière. Il pourra, en fait, d'après l'équation *linéaire* (3), exister autant de solutions b_p de ce type que de valeur b_{p0} choisies à l'origine $x = 0$ du référentiel. Si nous nous reportons aux équations complètes (III.39 et 40), d'où est tirée (3), nous voyons cependant que la non-linéarité de ces équations entraîne que les valeurs à $x = 0$, soit a_0 pour la pulsation radiale de la densité de matière du nucléon, et b_{p0} pour l'amplitude à l'origine de l'onde électrostatique, sont déterminées et *uniques*.

Nous avons vu, d'autre part, que la charge électrostatique de l'espace dans son ensemble devait être nulle en moyenne, ce que traduit la solution statique pour le potentiel électrostatique :

$$\tilde{u}_s \equiv 0 \qquad (\forall x) .$$

Il faut donc que le potentiel électrostatique associé au proton se conjugue avec celui associé à l'électron de manière à ce que la superposition de ces 2 potentiels dans l'espace conduise en moyenne à un potentiel électrostatique nul ; ceci exige à son tour que les distributions b_e et b_p solutions de (3) et respectivement relatives à l'électron et au proton soient rigoureusement identiques mais de signes contraires (c'est-à-dire déphasées de π) dans l'espace « vide », donc pour $x \geqslant x_\Sigma$, où x_Σ désigne la coordonnée de la frontière du proton ($x_\Sigma = 6{,}896\,85$).

Les solutions b_e et b_p doivent donc finalement satisfaire le système d'équations :

$$(8)\qquad \left\{\begin{aligned}
&\frac{\mathrm{d}^2 b_p}{\mathrm{d}x^2} + \frac{2}{x}\frac{\mathrm{d}b_p}{\mathrm{d}x} + (3\,u_s^2 + \tilde{\omega}^2)\,b_p = 0\\
&\left(\frac{\mathrm{d}b_p}{\mathrm{d}x}\right)_{x=0} = 0 \qquad (b_p)_{x=0} = 1 \qquad (b_p)_{x=\infty} = 0\\
&b_e = \frac{b_0}{\tilde{\omega}}\frac{1}{x}\sin\tilde{\omega}x\\
&(b_e)_{x_\Sigma} = (b_p)_{x_\Sigma} \quad \left(\frac{\mathrm{d}b_e}{\mathrm{d}x}\right)_{x_\Sigma} = \left(\frac{\mathrm{d}b_p}{\mathrm{d}x}\right)_{x_\Sigma} .
\end{aligned}\right.$$

Nous avons normalisé ici ce système avec :

$$(b_p)_{x=0} = 1 .$$

En fait, comme nous venons de le rappeler, $(b_p)_{x=0}$ est imposé par les équations complètes non linéaires ; la valeur b_0 caractérisant la masse propre de l'électron, ainsi que la pulsation $\tilde{\omega}$, sont alors imposées par la solution de (8). Nous obtenons ainsi le résultat important suivant : le fait pour le nucléon d'être la seule particule stable de matière, donc que $(b_p)_{x=0}$ soit unique et relatif au proton, entraîne qu'il ne peut exister qu'*une seule particule stable électrostatique*, *l'électron*, dont la masse propre est déterminée par (8) et (7).

Nous avons procédé à l'analyse numérique du système (8). Cette analyse montre qu'il y a une solution et une seule pour b_p. Les résultats numériques sont les suivants :

$$(9) \quad \begin{cases} \tilde{\omega} = 0{,}064 = \omega_0 \qquad \text{(obtenu en III 45)} \\ b_0 = -\ 0{,}295 \\ (b_p)_{x_\Sigma} = (b_e)_{x_\Sigma} = -\ 0{,}286 \\ \left(\dfrac{\mathrm{d}b_p}{\mathrm{d}x}\right)_{x_\Sigma} = \left(\dfrac{\mathrm{d}b_e}{\mathrm{d}x}\right)_{x_\Sigma} = 0{,}002\,7 \\ (b_p)_{x=0} = 1 . \end{cases}$$

Le graphe 4 fourni des distributions de b_p et b_e telles qu'elles ont été numériquement calculées à partir de (8).

Il est remarquable qu'on ait obtenu, comme solution du système (8) :

$$\tilde{\omega} = \omega_0$$

ce qui signifie que la pulsation propre pour l'onde stationnaire décrivant le potentiel électrostatique est *la même* que la pulsation caractérisant l'oscillation de densité de la matière du nucléon, et donc aussi celle pour l'onde stationnaire décrivant le potentiel gravitationnel (Chap. III). La pulsation non dimensionnelle $\omega_0 = 0{,}064$ apparaît donc comme une *véritable constante fondamentale de la Nature.*

Nous constaterons (Chap. VII) que cette identité des pulsations propres du « champ de partons » et du « champ de tachyons » a une raison profonde : il existe un couplage faible entre ces deux champs au moyen d'interactions que l'observation a précisément nommées « interactions faibles ». Ceci exige que les deux pulsations ω et $\tilde{\omega}$ entrant dans nos équations non linéaires (III. 39 et 40) soient identiques, ce que vient de nous confirmer la solution du système (8).

Dimensionnellement la pulsation fondamentale ω_0 vaut :

$$\overline{\omega}_0 = \xi c \rho_0\, \omega_0 = 1{,}07 . 10^{23}\ \mathrm{s}^{-1} .$$

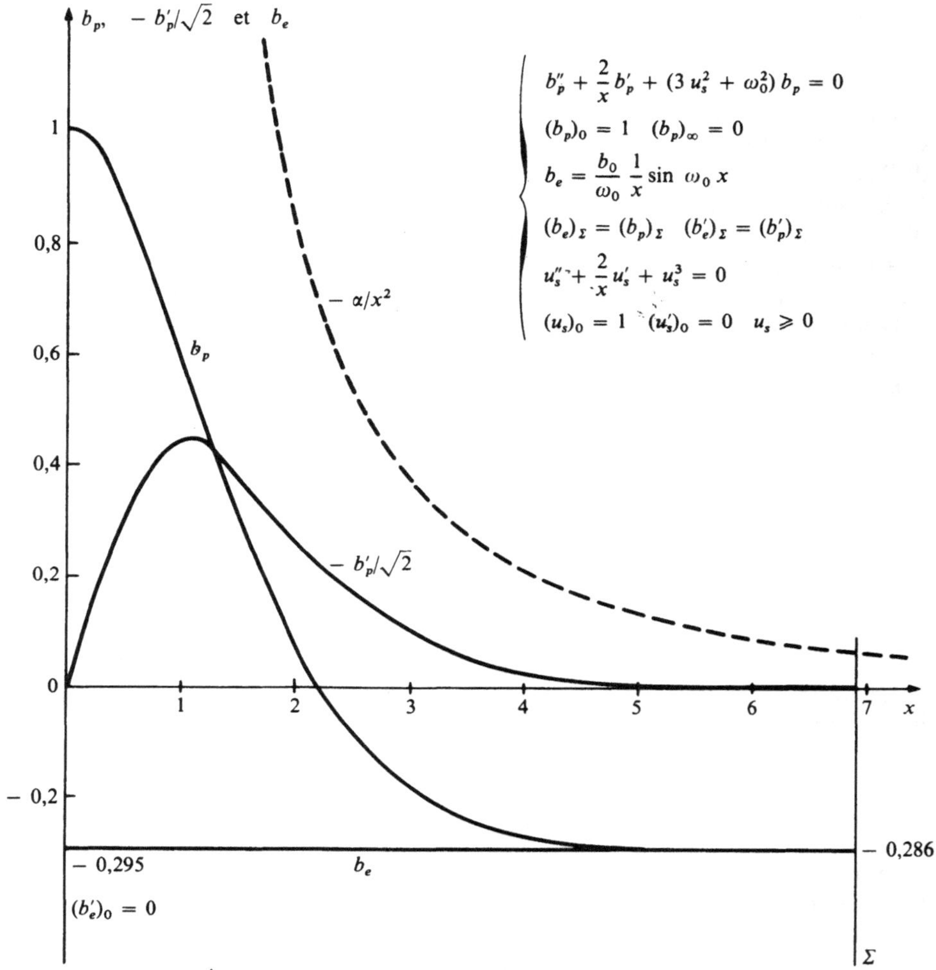

Graphe 4. — *Distribution du potentiel électrostatique dans le proton* ($|b_p| / \sqrt{2}$) *et pour l'électron* ($-|b_e| / \sqrt{2}$)

4. Les interactions électrostatiques.

L'onde stationnaire (5) :

$$\tilde{u}(x, \tau) = \frac{b_0}{\omega_0} \frac{1}{x} \sin \omega_0 x \sin \omega_0 \tau \tag{10}$$

décrit donc, d'après ce qui précède, le potentiel électrostatique de l'électron pour $x \in [0, \infty]$, et le potentiel électrostatique du proton pour $x \in [x_\Sigma, \infty]$;

entre 0 et x_Σ le potentiel électrostatique du proton est décrit numériquement par le graphe 4. Aucun de ces deux potentiels ne diverge pour x tendant vers 0, ce qui est physiquement très satisfaisant.

Compte tenu de la linéarité de l'équation (3) fournissant la solution (5) on peut considérer l'interaction électrostatique (deux électrons, par exemple), comme l'interaction que subit un tachyon (l'électron plongé dans le potentiel du second électron) dans un champ de tachyons décrit par (5) (le potentiel électrostatique associé à ce second électron).

Plaçons-nous dans le référentiel de l'électron créant le potentiel électrostatique. La force f_A exercée sur un tachyon en un point quelconque A de ce potentiel est fournie par (III.22 et 23) et vaut :

(11) $$f_A = -(\nabla W)_A = -\nabla W_A$$

où W_A est l'énergie en A :

$$W_A^2 = \xi^2 \hbar^2 c^2 \langle \tilde{\rho}_A^2 \rangle = \xi^2 \hbar^2 c^2 \frac{|\tilde{\rho}_A|^2}{2}.$$

$|\rho_A|$ représente l'amplitude (toujours comptée positivement) de l'onde électrostatique au point A. On a :

$$W_A = \pm \frac{\xi\hbar c\,|\tilde{\rho}_A|}{\sqrt{2}}$$

et donc, avec (11) :

$$f_A = \mp \frac{\xi\hbar c}{\sqrt{2}} \nabla |\tilde{\rho}_A| = \mp \frac{\xi^2\,\hbar c \rho_0}{\sqrt{2}} \nabla |\tilde{u}_A|$$

$|\tilde{u}_A|$ s'exprime à partir de (5) :

(12) $$|\tilde{u}_A| = \frac{b_0}{\omega_0}\frac{1}{x_A}|\sin \omega_0 x_A|.$$

a) *Signe du potentiel électrostatique.*

L'énergie en A étant définie par nos équations à partir de son carré, nous voyons qu'il y a *deux signes* possibles pour l'énergie au point A.

Nous associerons ces signes de l'énergie en un point d'un potentiel électrostatique au signe (conventionnel) attribué à ce potentiel électrostatique lui-même. Nous conviendrons que :

- Si W_A est *positif* nous dirons que le potentiel électrostatique en A est négatif. Ce sera le cas du potentiel électrostatique de l'électron.

- Si W_A est *négatif* nous dirons que le potentiel électrostatique en A est positif. Ce sera le cas du potentiel électrostatique du proton, ou du positron.

Cette inversion entre les signes des énergies et des potentiels peut paraître malheureuse : elle provient du choix, en grande partie arbitraire, attribuant à l'origine une charge électrostatique négative à l'électron, alors que celui-ci représente une solution d'énergie positive des équations de Dirac, ou de nos équations unitaires (c'est le positron qui est la solution d'énergie négative). Nous conserverons cette convention « historique », en soulignant cependant cette inversion de signe entre potentiels et énergies.

L'interprétation physique de cette possibilité pour le potentiel électrostatique d'avoir deux signes opposés paraît devoir faire intervenir le *temps absolu* (c'est-à-dire la durée) introduit à l'échelle de l'Univers *dans son ensemble* par le principe cosmologique (notre axiome 13). On peut comparer, par rapport à ce temps absolu, les phases des ondes stationnaires de pulsation ω_0 caractérisant les potentiels électrostatiques, et admettre que tous les potentiels négatifs (électrons) sont en phase, et tous les potentiels positifs (positrons, protons) en opposition de phase par rapport aux potentiels négatifs. L'annihilation positron/électron correspondrait bien ainsi à « l'annihilation » des ondes stationnaires associées à ces particules, quand elles viennent à coïncider dans l'espace ; les 2 photons produits au cours du processus correspondraient à l'énergie cinétique acquise par ces 2 particules (venant d'une distance pratiquement infinie) à l'instant de l'annihilation. Le processus produit *deux* photons distincts, l'un d'énergie $m_0 c^2$, l'autre d'énergie $-m_0 c^2$; ils se distinguent pratiquement, dans un référentiel donné, par le signe de leur impulsion.

b) *Interaction microscopique* ($x \simeq 10^{-12}$ cm).

Avec (11) et (12) ci-dessus la force d'interaction, exprimée dans le référentiel propre d'une particule électriquement chargée, sur une autre particule chargée au repos dans ce référentiel s'écrit :

$$(13) \qquad f = \pm \frac{\xi^2 \hbar c \rho_0^2}{\sqrt{2}} \left[\frac{b_0}{\omega_0} \mid \sin \omega_0 x \mid \frac{1}{x^2} - b_0 \mid \cos \omega_0 x \mid \frac{1}{x} \right].$$

Le signe + correspond à une répulsion, le signe − à une attraction.

Nous avons représenté sur le graphe 5 la fonction $\mid \tilde{u} \mid$ fournie par (12), dont le gradient est la force f de l'expression (13). $\mid \tilde{u} \mid$, qui est proportionnel à l'énergie d'interaction, se présente comme une succession de « puits de potentiel », dont les maxima (sauf à $x = 0$) décroissent en $1/x$, l'énergie d'interaction s'annulant à intervalles égaux définissant une demi-longueur

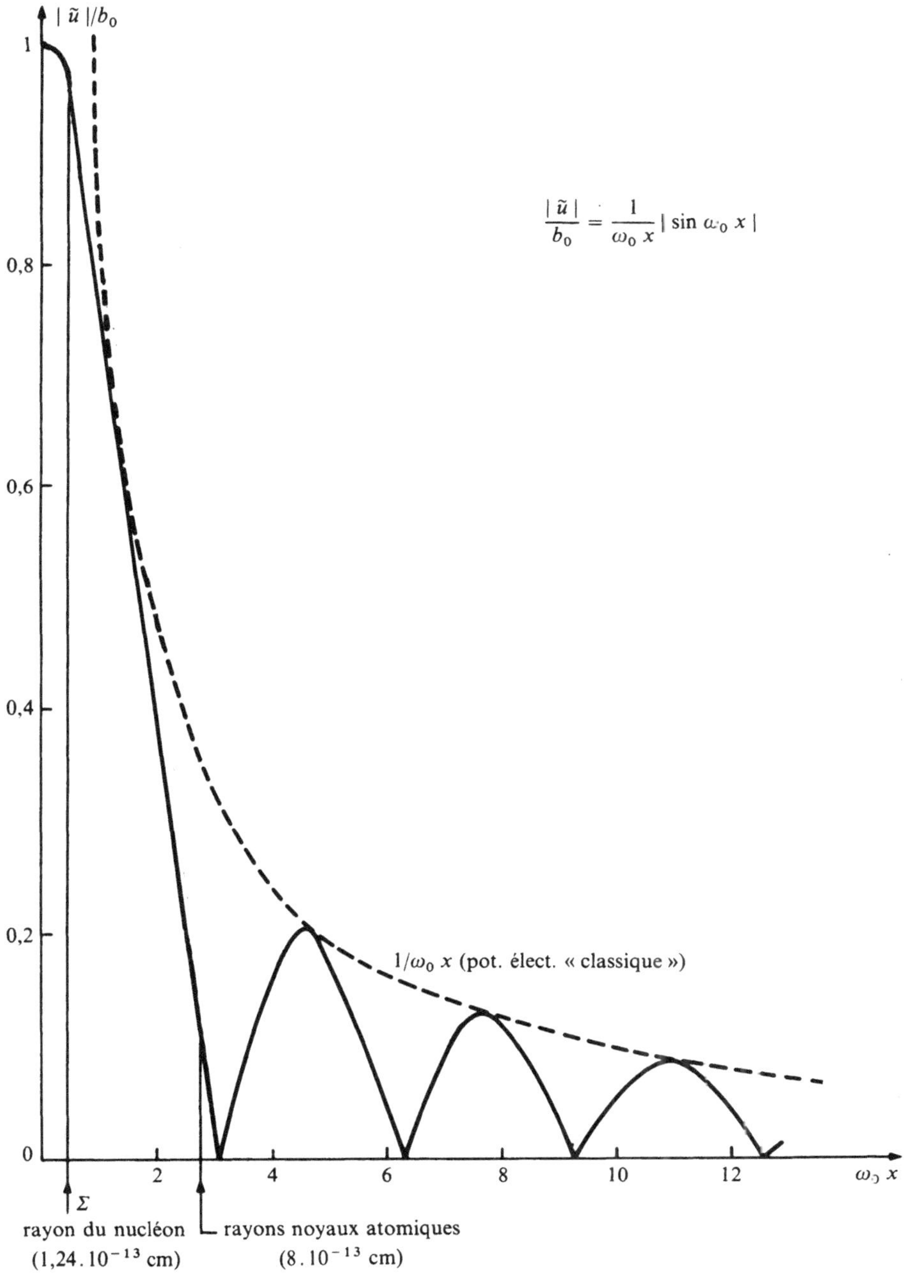

Graphe 5. — *Potentiel électrostatique microscopique* $|\tilde{u}|/b_0$ *de l'électron (et du proton pour* $x \geqslant x_\Sigma$*)*

d'onde du potentiel électrostatique :

$$\frac{\lambda_e}{2} = \frac{\pi}{\omega_0} = 49{,}1 \, .$$

Dimensionnellement, avec nos relations de transformation (III.3 et 35), $\lambda_e/2$ vaut :

$$\frac{\lambda_e}{2} = 8{,}8 \, . \, 10^{-13} \text{ cm} \, . \tag{14}$$

Pour des distances entre particules chargées de l'ordre de grandeur de λ_e on constate donc que le potentiel électrostatique engendre une force f d'interaction tantôt attractive, tantôt positive, avec des distances pour lesquelles il y a des positions d'équilibre « stables » : pour les particules de mêmes charges ce sont les fonds des puits de potentiels, pour les particules de charges opposées les sommets des puits de potentiels. Cette particularité importante, que nos équations mettent en évidence, et qui est complètement ignorée par l'interaction coulombienne « classique », doit certainement jouer un rôle prépondérant dans la structure des noyaux atomiques, où les dimensions sont précisément de l'ordre de grandeur de λ_e.

Nous avons représenté en pointillé sur le graphe 5 l'interaction coulombienne en $1/x$: on note que l'interaction calculée par (13) devient très sensiblement plus faible que l'interaction coulombienne pour les distances de l'ordre de grandeur du rayon du nucléon (10^{-13} cm) ; par ailleurs (13) indique que la force f d'interaction s'annule pour $x = 0$, alors que l'interaction coulombienne indique une force infinie (physiquement inacceptable) pour cette distance nulle.

Le paragraphe qui suit va nous montrer que (13) se confond cependant pratiquement avec le potentiel coulombien habituel pour $x \gg \lambda_e$.

c) *Interaction macroscopique* ($x \gg \lambda_e$).

On considère ici la force *moyenne* $\bar{f}$ à laquelle est soumise une particule chargée plongée dans le potentiel électrostatique de la particule au centre du référentiel pour un déplacement Δl grand par rapport à la longueur d'onde λ_e fournie en (14), donc pour des distances entre particules chargées également grandes par rapport à λ_e.

$\bar{f}$ peut être calculé entre 2 zéros successifs du potentiel $| \tilde{u} |$ donné en (12), f ayant alors subi une alternance complète au cours de laquelle cette force a été positive, puis négative, pour une variation de la distance entre particules égale à $\lambda_e/2$. On a :

$$\bar{f} = \frac{\xi^2 \hbar c \rho_0^2}{\sqrt{2}} \frac{2}{\lambda_e} \int_x^{x+\lambda_e/2} \nabla \, | \tilde{u} | \, \mathrm{d}x = \frac{\xi^2 \hbar c \rho_0^2}{\sqrt{2}} \frac{2}{\lambda_e} \left[| \tilde{u} | \right]_x^{x+\lambda_e/2} .$$

Choisissons pour x et $x + \lambda_e/2$ des maxima successifs de $|\tilde{u}|$, pour lesquels $|\sin \omega_0 x| = 1$. On a :

$$\bar{f} = \frac{\xi^2 \hbar c \rho_0^2}{\sqrt{2}} \frac{2}{\lambda_e} \left[\frac{b_0}{\omega_0} \frac{1}{x + \lambda_e/2} - \frac{b_0}{\omega_0} \frac{1}{x} \right]$$

$$\bar{f} = \frac{\xi^2 \hbar c \rho_0^2}{\sqrt{2}} \frac{b_0}{\omega_0} \frac{2}{\lambda_e} \left[\frac{-\lambda_e/2}{x(x + \lambda_e/2)} \right].$$

Sauf au voisinage de $x = 0$ (où f doit alors nécessairement être exprimé par (13) ci-dessus) on trouve bien alors :

(15) $$x \gg \lambda_e \qquad \bar{f} = -\frac{\hbar c}{\sqrt{2}} \frac{b_0}{\omega_0} \frac{1}{r^2}$$

en reprenant la valeur dimensionnelle : $r = \xi \rho_0 x$ pour évaluer les distances.

(15) est l'interaction coulombienne électrostatique habituelle, variant en $1/r^2$, avec :

(16) $$e^2 = \frac{\hbar c b_0}{\sqrt{2}\, \omega_0}$$

où e désigne la charge électrique élémentaire.

5. Unicité de *e*.

D'après (16), nous voyons que la charge électrique élémentaire e est *indépendante* de la densité ρ_0 de la matière au centre du système de coordonnées, c'est-à-dire ne s'exprime qu'en fonction des constantes fondamentales h et c et du rapport non dimensionnel b_0/ω_0, qui reste le même quelle que soit la particule de matière électriquement chargée à laquelle on aurait pu appliquer, au lieu du nucléon, l'ensemble des calculs précédents.

Ceci rend compte du fait observé que la charge électrique élémentaire a une valeur déterminée *et une seule*, quelle que soit la particule de matière que l'on considère, qu'elle soit stable ou instable.

On note que la constante de structures fine α est ici égale à .

$$\alpha = \frac{e^2}{\hbar c} = \frac{1}{137{,}03} = \frac{b_0}{\sqrt{2}\, \omega_0}$$

ce qui nous fournit la valeur de b_0, que seules nos équations *non linéaires* (III.39 et 40) nous auraient permis d'obtenir directement :

(17) $$b_0 = \sqrt{2}\, \alpha \omega_0 = 6{,}6.10^{-4}.$$

Comme on le voit, la valeur maximum b_0 de l'amplitude de l'onde stationnaire électrostatique reste très petite vis-à-vis de l'unité, ce qui justifie l'approximation faite au chapitre III pour ne retenir que les termes du premier ordre dans les équations (III.39 et 40).

6. Calcul du rapport m_0/e^2.

En comparant l'expression (16) pour e^2 à la relation (7) fournissant la masse propre m_0 de l'électron on peut éliminer b_0 (que nous n'avions pas calculé directement) entre ces 2 relations et obtenir ainsi un moyen de vérifier numériquement la théorie. On obtient alors en effet :

$$(18) \qquad \frac{m_0}{e^2} = \frac{\Omega_0\, \rho_0\, \omega_0}{\hbar c} = \left(\frac{3^7}{4\,\pi}\right)^{1/6} \frac{S_0^{3/2}}{x_\Sigma^3\, c^2\, \Omega_0^{1/3}} = 3{,}960 . 10^{-9} \text{ c.g.s.e.}$$

alors que la valeur expérimentale est :

$$\left(\frac{m_0}{e^2}\right)_{\text{observé}} = 3{,}955 . 10^{-9} \text{ c.g.s.e.}$$

Nos équations unitaires permettent donc de retrouver le rapport observé m_0/e^2 *à* 1/1 000 *près, en fonction des seules constantes fondamentales h, c et* Ω_0 (soit encore μ_0, masse propre du proton, voir III.21). Ceci constitue une vérification excellente de la théorie.

Rappelons une fois encore que la résolution de nos équations complètes *non linéaires* (III.39 et 40) déterminerait b_0, et fournirait donc directement la masse propre m_0 de l'électron. (18) permettrait alors le calcul direct de e^2.

Nous réservons la recherche des valeurs de a_0 et b_0 à partir des équations (III.39 et 40) à un travail ultérieur.

7. Différence de masse entre le neutron et le proton.

Reportons-nous au graphe 4 fournissant la distribution calculée du potentiel électrostatique dans la structure matérielle du proton et aux résultats (9) de l'analyse numérique relative à cette distribution. On a obtenu :

$$(19) \qquad (b_p)_{x=0} = 1 \qquad (b_e)_{x=0} = b_0 = -\,0{,}295\,.$$

Le potentiel électrostatique positif b_p distingue la masse propre du proton de celle du neutron au moyen d'une double contribution :

- L'énergie négative de ce potentiel vaut, avec (19) :

$$c^2\,\Delta M_e = -\left(\frac{b_p}{b_e}\right)_{x=0} m_0\, c^2 = -\,3{,}38\, m_0\, c^2$$

où m_0 est la masse propre de l'électron.

- D'autre part, le potentiel électrostatique b_p modifie la distribution de la densité *de matière* de la particule, puisque celle-ci est couplée à $\tilde{u}$ par (III.4 *a*) :

$$\nabla^2 u + u^3 - 3\,\tilde{u}^2\, u = 0\,. \tag{20}$$

Ceci entraîne donc une variation ΔM_μ par rapport à la masse propre μ_0 de la matière du neutron, cette dernière étant fournie par la solution de :

$$\nabla^2 u + u^3 = 0\,.$$

La différence de masse ΔM entre le neutron et le proton, exprimée en fonction de la masse propre m_0 de l'électron, doit donc être :

$$\Delta M = \Delta M_e + \Delta M_\mu = -\,3{,}38\, m_0 + \Delta M_\mu\,.$$

Nous avons numériquement calculé ΔM_μ en remplaçant $\tilde{u}^2$ dans (20) par sa valeur quadratique moyenne, ce qui revient à résoudre en symétrie sphérique :

$$\frac{\mathrm{d}^2 u}{\mathrm{d}x^2} + \frac{2}{x}\frac{\mathrm{d}u}{\mathrm{d}x} + u^3 - 3\,\frac{b_p^2}{2}\,u = 0$$

où b_p est solution de (8).

On trouve :

$$\Delta M_\mu = +\,0{,}70\, m_0\,,$$

soit donc :

$$\Delta M = -\,3{,}38\, m_0 + 0{,}70\, m_0 = -\,2{,}68\, m_0$$

qui est bien la valeur observée :

$$(\Delta M)_{\text{observée}} = -\,2{,}53\, m_0$$

à 6/100 près.

Nous ne pouvons guère attendre une meilleure précision du calcul précédent, compte tenu du fait que nous l'avons effectué en symétrie *sphérique*, alors que le spin des particules considérées exigerait d'opérer en symétrie *axiale* (voir Chap. III, § 7, excentricité $\varepsilon = 0{,}496$).

Le résultat précédent peut donc être considéré comme une excellente vérification de la théorie, portant d'ailleurs sur le caractère non linéaire et sur le couplage des équations.

8. Les moments magnétiques des particules.

Notre équation (II.9) fournissant la distribution d'espace-temps de la densité d'action U :

$$\Box^2\, U + \xi^2 \langle (\rho^2 - \tilde{\rho}^2) \rangle\, U = 0 \tag{21}$$

va nous permettre de calculer les moments magnétiques des particules à partir de la distribution, connue par notre équation :

$$\square^2 \rho_u - \xi^2 \rho_u^3 = 0 \qquad (\rho_u = \rho + j\tilde{\rho})$$

de la densité propre ρ de la matière et du potentiel électrostatique $\tilde{\rho}$.

Nous allons cependant avoir à distinguer 2 cas, suivant que ρ_u concerne une particule à *structure ponctuelle* (cas de l'électron), ou une particule à *structure étendue* (cas du proton ou du neutron).

a) *Moment magnétique de l'électron.*

Nous pouvons ici opérer de manière tout à fait similaire à celle permettant de déduire le moment magnétique (correct observé) de l'électron en Théorie de Dirac.

L'électron étant une particule ponctuelle ($r_e = 0$, § 2), non matérielle ($\rho = 0$), nous pouvons faire *rigoureusement* dans (21) :

$$\rho^2 \equiv 0 \qquad \langle \tilde{\rho}^2 \rangle = \frac{\rho_0^2 \, b_0^2}{2} = \frac{m_0^2}{\Omega_0^2}$$

en nous servant de (7) pour introduire m_0.

En reportant dans (21) on obtient :

$$\square^2 U - \frac{m_0^2 \, c^2}{\hbar^2} U = 0 \tag{22}$$

qui est l'équation de Klein-Gordon pour l'électron. La fonction U jouissant des mêmes propriétés (spineur à 4 composantes, T.U. p. 66) que la fonction habituelle ψ de la Mécanique ondulatoire, on pourra, comme en Théorie de Dirac, linéariser (22) au moyen des matrices de Dirac, puis opérer la généralisation au cas où l'électron se déplace dans un champ électromagnétique en introduisant le potentiel électromagnétique (**A**, V). Ceci conduit, comme on le sait, à un moment magnétique observable pour l'électron fourni par les valeurs propres d'un opérateur agissant sur U :

$$\mathfrak{M}_e = \pm \frac{eh}{4 \, \pi m_0 \, c} = \pm 1 \text{ m.b}.$$

où m.b. désigne le magnéton de Bohr (voir aussi réf. 5 sur ce sujet).

Rappelons que le moment observé vaut :

$$(\mathfrak{M}_e)_{\text{observé}} = \pm 1{,}001\ 18 \text{ m.b.}$$

Nous comprenons ici pourquoi la Théorie de Dirac permet de retrouver correctement $\mathfrak{M}_e$, alors qu'elle échoue pour le moment magnétique du proton : l'électron n'a pas d'étendue dans l'espace, l'équation (22) est donc *rigoureuse-*

ment l'équation unitaire (21) appliquée à une particule *ponctuelle*. Par contre, on peut prévoir que le calcul de Dirac deviendra incorrect, et ne retrouvera plus les valeurs effectivement observées (ce qui est le cas) dès qu'il s'agira d'une particule *étendue* dans l'espace, comme le proton, puisque l'équation (22) de Klein-Gordon utilisée par Dirac ne tient pas compte de la distribution étendue de la densité ρ de la matière de la particule et du potentiel électrostatique $\tilde{\rho}$ dans cette matière, comme le fait correctement notre équation unitaire (21).

b) *Moment magnétique du proton.*

Il est cependant évident que notre équation en U (21), même en lui adjoignant la distribution des potentiels ρ et $\tilde{\rho}$, ne peut mettre en évidence des caractéristiques *électromagnétiques* (telles qu'un moment magnétique engendré par une distribution de $\tilde{\rho}$ notamment) sans qu'on ait, au préalable, montré comment les grandeurs électromagnétiques (tenseur (**E**, **H**) et quadrivecteur (**A**, V)) sont contenues, et peuvent donc se déduire, des grandeurs telles que la densité d'action U et les potentiels ρ et $\tilde{\rho}$. Même dans la méthode de Dirac appliquée, comme nous l'avons fait, à une particule ponctuelle, on opère de manière un peu artificielle (ou en tous cas non unitaire), car on introduit le potentiel électromagnétique (**A**, V) « de l'extérieur », il n'est contenu directement ni dans l'équation de Klein-Gordon (22), ni dans les équations linéarisées de Dirac.

Nous allons montrer, au chapitre V qui suit, comment les équations de l'électromagnétisme se déduisent de (21) et de l'équation de distribution du potentiel complexe $\rho_u = \rho + j\tilde{\rho}$. Nous serons alors en mesure d'examiner comment doit être entrepris de façon correcte le calcul des moments magnétique des particules.

En attendant on peut cependant utiliser une *méthode approchée*, qui permettra une évaluation du moment magnétique $\mathfrak{M}_p$ du proton tenant compte des observations qui précèdent, et fournira une approximation meilleure qu'en Théorie de Dirac. Rappelons que Dirac obtenait pour le proton un moment magnétique théorique de 1 m.n. $= eh/4\, \pi\mu_0\, c$, où μ_0 est la masse propre du nucléon, alors que la valeur observée est de 2,8 magnétons nucléaires.

α) Le proton est habituellement considéré comme une particule *matérielle* électrostatiquement chargée ; on peut aussi le considérer comme la particule *de nature électrostatique* décrite par le potentiel $(b_p)_{x=0}$ de nos équations (8), mais « matériellement » chargée, c'est-à-dire couplée à une distribution de matière superposée dans l'espace à la distribution électrostatique. On pourra admettre que cette distribution de matière est précisément celle du nucléon (neutron), fournie en symétrie sphérique par l'équation de Lane-Emden.

La charge e qui caractérise l'électron s'exprime en fonction de la valeur b_0 à $x = 0$ de l'amplitude de l'onde électrostatique (16 ci-dessus). C'est le spin de cette charge e qui engendre le moment magnétique $\mathfrak{M}_e$ de l'électron. On peut donc penser que le moment magnétique $\mathfrak{M}_p$ du proton est engendré, de manière similaire, par le spin de la charge électrostatique associée à $(b_p)_{x=0}$, qui vaut d'après nos résultats numériques (9) :

$$e_p = e\frac{(b_p)_{x=0}}{b_0} = e\frac{1}{0{,}295} = 3{,}4\, e\,.$$

Par ailleurs, compte tenu du couplage entre la distribution de b_p et celle u de la matière (éq. 8 pour b_p), c'est la masse propre μ_0 du proton, et non celle de la particule électrostatique caractérisée par $(b_p)_{x=0}$, qu'il faut faire ici intervenir pour le spin de cette charge $e_p = 3{,}4\, e$. Le moment magnétique du proton, calculé de cette manière (très rudimentaire), conduit donc à :

$$\mathfrak{M}_p = \frac{e_p\, h}{4\,\pi\mu_0\, c} = 3{,}4\frac{e\hbar}{4\,\pi\mu_0\, c} = 3{,}4 \text{ m.n.}$$

Cette valeur théorique est trop grande par rapport à la valeur observée de 2,8 m.n. Cela tient d'abord à l'approximation grossière de la méthode de calcul ; mais aussi, comme nous allons le voir, au fait qu'il y a une contribution *négative* au moment magnétique du proton due au spin de *la matière* seule, même en l'absence d'un potentiel électrostatique (comme on le constate expérimentalement pour le neutron, et comme notre équation (21), qui contient non seulement $\tilde{\rho}$ mais encore ρ, le laisse prévoir).

β) Une autre méthode consiste à admettre que chaque parton de la distribution de matière du proton, en tout point de coordonnée x, est porteur d'une charge e_x fournie par :

$$e_x = e\,\frac{|\, b_p\,|_x}{b_0}$$

où b_0 est toujours l'amplitude de l'onde électrostatique pour l'électron (8).

En symétrie axiale autour d'un axe z nous avons vu (Chap. III, § 7) que les partons constituant la matière du nucléon pouvaient être considérés comme possédant une vitesse angulaire $\omega(x, z)$ autour de l'axe z, et nous avons numériquement évalué $\omega(x, z)$. Un calcul de type « classique » (acceptable au niveau sub-observable) permet alors de déterminer le moment magnétique total (dipole) créé par ces partons « chargés » en rotation autour de l'axe z avec la vitesse angulaire ω, le moment cinétique de rotation étant égal à $\pm\,\frac{1}{2}\,\hbar$.

On obtient :

$$\mathfrak{M}_p = \pm\,\frac{eh}{4\,\pi\mu_0\, c}\,\frac{\displaystyle\int_V \rho\,\mathrm{d}v}{|\,\tilde{\rho}_0\,|\,\Omega_0}\,\frac{\displaystyle\int_V |\,\tilde{\rho}\,|\,\omega r^2\,\mathrm{d}v}{\displaystyle\int_V \frac{\rho\omega r^2\,\mathrm{d}v}{\sqrt{1-\omega^2\, r^2/c^2}}}$$

et, sous forme non dimensionnelle :

$$\mathfrak{M}_p = \frac{1}{|\, b_0 \,|} \frac{1}{\xi^3 \rho_0^3 \Omega_0} \frac{\int_V |\, \tilde{u} \,|\, \omega x^2 \, \mathrm{d}v}{\int_V \frac{u\omega x^2 \, \mathrm{d}v}{\sqrt{1 - \omega^2 x^2}}} \int_V u \, \mathrm{d}v \quad \text{(m.n.)} \tag{23}$$

où $|\, \tilde{u} \,|$ désigne l'amplitude (positive) de l'onde électrostatique b_p, V le volume du nucléon et ρ_0 sa densité centrale.

Nous avons procédé à l'évaluation numérique de (23), calculant séparément chacune des intégrales. Nous obtenons :

$$|\, b_0 \,| = 0{,}295$$
$$\xi = 3{,}436 . 10^{-2} \text{ c.g.s.} \qquad \text{(II.0)}$$
$$\Omega_0 = 1{,}208 . 10^{-39} \text{ cm}^3 \qquad \text{(II.0)}$$
$$\rho_0 = 1{,}622 . 10^{15} \text{ g/cm}^3 \qquad \text{(III.30)}$$
$$\frac{1}{4\pi} \int_V u \, \mathrm{d}v = 15{,}38$$
$$\frac{1}{4\pi} \int_V |\, \tilde{u} \,|\, \omega x^2 \, \mathrm{d}v = 118{,}33$$
$$\frac{1}{4\pi} \int_V \frac{u\omega x^2 \, \mathrm{d}v}{\sqrt{1 - \omega^2 x^2}} = 58{,}49$$

ce qui fournit pour $\mathfrak{M}_p$:

$$\mathfrak{M}_p = 3{,}16 \text{ m.n.}$$

que l'on doit comparer à la valeur observée :

$$(\mathfrak{M}_p)_{\text{observé}} = 2{,}80 \text{ m.n.}$$

La valeur théorique fournit la valeur observée avec une erreur par excès de 11 % environ.

c) *Moment magnétique du neutron.*

Les valeurs théoriques calculées de manière approximative ci-dessus semblent être erronées *par excès* par rapport à la valeur observée.

Comme l'expérience nous montre que le neutron, qui ne possède pas de potentiel électrostatique, est néanmoins doté d'un moment magnétique *négatif* :

$$(\mathfrak{M}_n)_{\text{observé}} = -\ 1{,}91 \text{ m.n.}$$

nous sommes en droit de penser que l'erreur par excès obtenue dans les calculs approchés précédents provient en partie du fait que le moment observé du proton serait la somme algébrique de *deux* moments magnétiques : l'un $\tilde{\mathfrak{M}}$ produit par le potentiel électrostatique seul, l'autre $\mathfrak{M}_n$ produit par *la matière seule*, ce dernier moment magnétique étant précisément celui du neutron :

$$\mathfrak{M}_p = \tilde{\mathfrak{M}} + \mathfrak{M}_n .$$

Pour justifier théoriquement cette hypothèse nous devons retrouver d'abord, à partir de notre équation (21), les équations de l'électromagnétisme, et montrer que ces équations comportent des solutions ignorées par les équations de Maxwell habituelles : une distribution à symétrie axiale autour d'un axe z d'un potentiel électrostatique $\tilde{\rho}$, *et aussi d'une densité de matière* ρ, sont toutes deux capables d'engendrer un dipole magnétique d'axe z.

C'est ce que nous allons examiner dans le chapitre V qui suit.

9. Equation non linéaire : le méson μ.

A l'approximation linéaire faite ci-dessus, l'électron et le potentiel électrostatique sont donc finalement décrits comme une solution de l'équation *linéaire* :

$$\square^2 \tilde{u} = 0 . \tag{24}$$

La solution physique différente de $\tilde{u} \equiv 0$ (neutrino) est *unique* puisque, comme nous l'avons vu, l'amplitude à l'origine b_0 et la pulsation ω_0 qui caractérisent cette solution physique sont elles-mêmes uniques, et déterminées par les caractéristiques structurelles du proton, à savoir sa pulsation radiale ω_0, d'amplitude a_0 au centre du proton.

La question suivante est alors : existe-t-il des particules électrostatiques $\tilde{u}$ « libres » (c'est-à-dire non couplées à une densité de matière u) dont l'amplitude $(\tilde{u})_{x=0}$ ne serait pas petite vis-à-vis de l'unité (et à fortiori vis-à-vis de ω_0), qui seraient alors solution de notre équation *non linéaire* :

$$\square^2 \tilde{u} + \tilde{u}^3 = 0 . \tag{25}$$

Ce problème difficile a déjà fait l'objet d'études mathématiques élaborées (réf. 18). En voici certaines conclusions :

a) Pour toute solution de (24) il existe une solution et une seule de l'équation non linéaire (25).

b) La solution de (25) tend asymptotiquement vers la solution de l'équation linéaire (24) quand le temps t tend vers l'infini.

c) A t donné, dans le référentiel propre de la solution considérée ($x = 0$ au maximum d'amplitude de l'oscillation $\tilde{u}$), la solution de (25) tend asymptotiquement vers la solution de l'équation linéaire (24) quand x tend vers l'infini.

Ces conclusions doivent s'interpréter *physiquement* et respectivement comme suit :

a) A la solution unique stable « électron-potentiel électrostatique » *correspond une particule instable et une seule*, solution de l'équation non linéaire (25) : nous la nommerons le méson μ.

b) Ce méson μ instable donne naissance en se désintégrant à la particule stable électrostatique, l'électron.

c) Loin du méson μ le potentiel $\tilde{u}$ de cette particule coïncide avec le potentiel électrostatique de l'électron.

d) Il ne peut exister de méson μ neutre, compte tenu de *c*) ci-dessus.

L'investigation mathématique des solutions des équations non linéaires couplées (III.37) :

$$\begin{cases} \Box^2 u - u^3 + 3\,\tilde{u}^2 u = 0 \\ \Box^2 \tilde{u} + \tilde{u}^3 - 3\,u^2 \tilde{u} = 0 \end{cases}$$

devrait conduire, de la même manière, à toutes les *solutions d'évolution* pour u et $\tilde{u}$, observées comme les particules instables et leurs potentiels, et fournir les détails de création et de désintégration de ces particules. Aux solutions $\tilde{u}$ correspondent les *leptons*, aux solutions u les *hadrons*. Nous venons de voir qu'il existait 3 leptons et 3 seulement : l'électron, le méson μ et le neutrino ($\tilde{u} \equiv 0$), les deux premiers étant en fait deux états successifs de *la même* particule. Il resterait à montrer que le système (III-37) présente également des « résonances » correspondant au spectre des masses propres et des durées de vie des hadrons observables. Nous n'examinerons naturellement pas dans cet ouvrage (pratiquement limité aux particules stables) ce *très difficile* problème.

CHAPITRE V

LES PHOTONS ET LES ÉTATS DE SPIN MAXIMUM 1

Nous avons, par notre axiome 6, assimilé l'espace-temps à la superposition de 2 champs : un champ de partons (ρ réel) et un champ de tachyons ($\tilde{\rho}$ imaginaire). Les chapitres III et IV ci-dessus ont décrit les phénomènes observés (particules, interactions fortes et électrostatiques) quand on considère isolément *un* parton ou *un* tachyon et qu'on examine les interactions qu'ils subissent de la part du champ auquel ils appartiennent. Ce sont des phénomènes caractérisés essentiellement par le spin $\pm \frac{1}{2} \hbar$, relatif à un seul parton ou à un seul tachyon d'après notre axiome 8.

Il est concevable cependant que des phénomènes observables nouveaux, c'est-à-dire non caractérisés par le spin $\pm \frac{1}{2} \hbar$, puissent apparaître dans certaines conditions en considérant les propriétés conjuguées de *deux* partons ou de *deux* tachyons voisins. Ainsi, étant donné que chaque parton (ou tachyon) est de rayon *nul*, par définition, il n'est pas possible de décrire le mouvement de rotation d'un parton autour d'un parton *immédiatement* voisin (adjacent) en considérant isolément le mouvement d'un seul parton : 2 points mathématiques « voisins » sont, physiquement, confondus, et l'on ne peut décrire la rotation de l'un autour de l'autre ; on peut décrire seulement le mouvement de rotation du parton sur lui-même (spin $\pm \frac{1}{2}$). En utilisant les grandeurs décrivant la rotation d'un parton sur lui-même (composantes de spineur), et en combinant convenablement ces grandeurs *pour* 2 *partons voisins* (donc confondus dans l'espace), on pourra décrire des phénomènes interprétables « comme si » les deux partons considérés étaient animés d'un mouvement de rotation l'un autour de l'autre, en dépit du fait que le sub-observable ne fait pas « physiquement » apparaître une telle rotation. Nous avons déjà rencontré un aspect de cet ordre du sub-observable : la distribution de la densité ρ du nucléon, en symétrie axiale d'axe z, donne naissance (Chap, III, § 7) à une force centrifuge appliquée à chaque parton de la matière du nucléon « comme si » le parton considéré possédait une vitesse angulaire ω autour de l'axe z ; or ce sont des solutions statiques de nos équations ($\partial/\partial t \equiv 0$) qui nous livrent cet aspect du sub-observable, il n'y a donc « physiquement » aucune rotation réelle correspondant à la force centrifuge présente dans le champ de partons.

De même, la considération des caractéristiques conjuguées de 2 partons (ou 2 tachyons) voisins peut faire apparaître des phénomènes qui peuvent s'interpréter dans l'observable « comme si » les 2 partons (ou tachyons) voisins étaient en mouvement de rotation l'un autour de l'autre, alors qu'on va cependant devoir les considérer comme 2 points confondus dans le sub-observable, comme le sont 2 points mathématiques « voisins » (c'est-à-dire adjacents).

Essentiellement, ce qui permettra d'affirmer qu'en un même point A de l'espace nous considérons les effets non pas d'un seul parton (ou tachyon) mais de 2 telles particules adjacentes, sera de dire que le spin considéré en ce point A dans le champ de partons (ou de tachyons) n'est plus $\pm \frac{1}{2}$, mais est caractérisé par *le spin maximum* 1, c'est-à-dire toutes les conjugaisons possibles -1, 0 et $+1$ des spins $\pm \frac{1}{2}$ relatifs aux 2 partons (ou tachyons).

Chaque parton était, d'après notre équation (II.9), décrit dans ses effets observables par des opérateurs agissant sur la fonction densité d'action U solution de :

$$\Box^2 U + \xi^2 \langle \rho^2 \rangle U = 0 . \tag{1}$$

Chaque tachyon était décrit de même par :

$$\Box^2 U - \xi^2 \langle \tilde{\rho}^2 \rangle U = 0 \tag{2}$$

avec ρ et $\tilde{\rho}$ ($\rho_u = \rho + j\tilde{\rho}$) solution de :

$$\Box^2 \rho_u - \xi^2 \rho_u^3 = 0 . \tag{3}$$

U peut être considéré comme un spineur à 4 composantes U_k ($k = 1$ à 4), ce qui nous a conduit (Chap. III et IV), comme en Théorie de Dirac, à retrouver les caractéristiques fondamentales (spin, moment magnétique) des particules.

On peut penser que les effets observables du spin maximum 1 pourront être obtenus par la « fusion » de 2 états de spin $\pm \frac{1}{2}$ décrits chacun par les composantes de spineur U_k, cette « fusion » correspondant elle-même à la fusion *mathématique* des 4 matrices α_k qui ont permis de décomposer le pseudo-scalaire U en ses 4 composantes de spineur U_k. C'est la « fusion des particules à spin » dans le sens que lui a donné Louis de Broglie (réf. 5).

En fait, et comme le reconnaît de Broglie lui-même, il s'agit là d'une méthode de description des phénomènes de spin 1 qui ne trouve sa pleine justification que parce qu'« elle réussit », comme on le sait, en retrouvant les équations de l'électromagnétisme, où les photons sont précisément dotés du spin 1. Ce résultat important atteste cependant, même si les bases théoriques réclament d'être encore précisées, que les phénomènes observables peuvent effectivement être mis correctement en évidence par ce procédé de « fusion ».

Nous allons donc reprendre ci-dessous cette méthode de fusion, en l'appliquant à nos *deux* équations, l'une relative à la distribution de la matière (champ de partons), l'autre à la distribution du potentiel électrostatique (champ de tachyons).

Nous retrouverons ainsi les équations de l'électromagnétisme, comme cela est bien connu, mais aussi un phénomène nouveau, que nous nommerons « gravitomagnétisme » : il s'agit de la possibilité pour une distribution *de matière seule*, en symétrie axiale notamment, d'engendrer un champ magnétique.

Nous allons successivement appliquer la méthode de fusion :

- *à deux tachyons voisins*, représentant au point mathématique de l'espace qu'ils occupent un état de spin maximum 1 du champ de tachyons. Nous utiliserons ici notre équation (2), relative à un champ de tachyons ;
- *à deux partons voisins*, représentant au point mathématique de l'espace qu'ils occupent un état de spin maximum 1 du champ de partons. Nous utiliserons l'équation (1), relative à un champ de partons.

1. Le champ électromagnétique.

Soit $\tilde{\rho}$ la valeur du potentiel électrostatique dans un champ de tachyons où nous considérons qu'en chaque point mathématique existent 2 tachyons adjacents, définissant dans l'ensemble du champ un état de spin maximum 1 en chaque point.

Nous considérons ici l'équation (2) ci-dessus, soit :

$$\square^2 U - \xi^2 \langle \tilde{\rho}^2 \rangle U = 0 \tag{4}$$

où $\langle \tilde{\rho}^2 \rangle$ est la valeur quadratique moyenne du potentiel électrostatique. Comme $\tilde{\rho}$ est une fonction sinusoïdale (Chap. IV), nous avons ici :

$$\langle \tilde{\rho}^2 \rangle = \frac{|\tilde{\rho}|^2}{2}$$

où $|\rho|$ désigne l'amplitude de l'onde électrostatique en chaque point.

Puisque nous considérons l'état de spin 1 du champ de tachyons, U figurant dans (4) doit être considéré comme un spineur à $4 \times 4 = 16$ composantes U_{ik} ($i, k = 1$ à 4), chaque U_{ik} étant solution de (4).

Nous admettrons que la source capable d'engendrer ainsi dans le champ de tachyons remplissant l'espace un état de spin maximum 1 est un électron (ou une autre particule chargée) en mouvement.

Au point source du champ on retrouve, à partir de (4), comme nous l'avons obtenu en (IV.22), l'équation de Klein-Gordon pour l'électron source du champ :

$$\square^2 U - (m_0^2 c^2/\hbar^2) U = 0 .$$

Quand on s'éloigne de l'électron-source $\langle \tilde{\rho}^2 \rangle$ diminue dans (4) et tend vers zéro pour l'espace électrostatiquement non chargé ($\tilde{\rho} \equiv 0$).

L'équation (4), pour cet espace à potentiel électrostatique identiquement nul, est alors :

$$\square^2 U = 0\,. \tag{5}$$

D'une manière générale, la méthode de fusion faisant intervenir les 16 composantes de spineur U_{ik} reste naturellement valable quelle que soit la valeur de $\tilde{\rho}$, et donc également quand le champ de tachyons est un état de spin 1 solution de (5).

Nous renvoyons, pour les détails de ce formalisme de « fusion » de deux états de spin $\pm \frac{1}{2}$, aux travaux de L. de Broglie (réf. 5), et également à T.U. p. 66 et suiv. Nous fournirons immédiatement ici les résultats.

Les 16 équations :

$$\square^2 U_{ik} - \xi^2 \langle \tilde{\rho}^2 \rangle U_{ik} = 0 \qquad (i, k = 1 \text{ à } 4) \tag{6}$$

que doivent satisfaire les 16 composantes du spineur U figurant dans (4) sont équivalentes au système d'équations couplées :

$$\left\{\begin{aligned}
&\nabla \times \mathbf{E} + \frac{1}{c}\frac{\partial \mathbf{H}}{\partial t} = 0\\
&\nabla . \mathbf{E} = -\,\xi \frac{|\tilde{\rho}|}{\sqrt{2}} V\\
&\nabla \times \mathbf{H} - \frac{1}{c}\frac{\partial \mathbf{E}}{\partial t} = -\,\xi \frac{|\tilde{\rho}|}{\sqrt{2}} \mathbf{A}\\
&\nabla . \mathbf{H} = 0\\
&\nabla \times \mathbf{A} = \xi \frac{|\tilde{\rho}|}{\sqrt{2}} \mathbf{H}\\
&\nabla . \mathbf{A} + \frac{1}{c}\frac{\partial V}{\partial t} = 0\\
&\nabla V + \frac{1}{c}\frac{\partial \mathbf{A}}{\partial t} = -\,\xi \frac{|\tilde{\rho}|}{\sqrt{2}} \mathbf{E}\,.
\end{aligned}\right. \tag{7}$$

$\tilde{\rho}$ étant astreint à satisfaire également partout à nos équations unitaires portant sur le potentiel complexe $\rho_u = \rho + j\tilde{\rho}$:

$$\left\{\begin{aligned}
&\square^2 \rho - \xi^2(\rho^3 - 3\,\tilde{\rho}^2\,\rho) = 0\\
&\square^2 \tilde{\rho} + \xi^2(\tilde{\rho}^3 - 3\,\rho^2\,\tilde{\rho}) = 0\,.
\end{aligned}\right. \tag{8}$$

Pour un potentiel électrostatique *positif* $|\tilde{\rho}|/\sqrt{2}$ doit être changé en $-|\tilde{\rho}|/\sqrt{2}$ dans (7).

(**E**, **H**) est le tenseur électromagnétique antisymétrique, à 6 composantes indépendantes, et (**A**, V) le quadrivecteur potentiel électromagnétique.

Dans l'espace électrostatiquement non chargé ($\tilde{\rho} \equiv 0$) on retrouve les équations habituelles de Maxwell pour l'espace vide de charges et de matière.

(7) et (8) suggèrent les remarques suivantes :

a) Comme on le sait, la relation :

$$\nabla . \mathbf{A} + \frac{1}{c} \frac{\partial V}{\partial t} = 0$$

figurant dans (7), dite équation de Lorentz, n'est pas en Théorie de Maxwell une relation nécessaire pour calculer le tenseur (**E**, **H**). Ceci entraîne que le potentiel (**A**, V), qui sert pour calculer (**E**, **H**) :

$$\begin{cases} \mathbf{E} = -\frac{1}{c} \frac{\partial \mathbf{A}}{\partial t} - \nabla V \\ \mathbf{H} = \nabla \times \mathbf{A} \end{cases}$$

n'est défini qu'à une fonction *arbitraire F* des coordonnées d'espace-temps près, puisqu'on obtient les mêmes valeurs de (**E**, **H**) en changeant (**A**, V) en (**A**′, V') au moyen de :

$$\mathbf{A}' = \mathbf{A} - \nabla F$$
$$V' = V + \frac{1}{c} \frac{\partial F}{\partial t} .$$

C'est ce qu'on appelle *l'invariance de jauge*. Le potentiel (**A**, V) ne peut plus avoir dans ce cas de signification physique, puisqu'il est en grande partie arbitraire : il apparaît comme un simple artifice mathématique pour calculer (**E**, **H**), ce qui est très insatisfaisant.

Avec nos équations (7-8) *il n'y a plus invariance de jauge*. En effet, au voisinage des sources du champ (qui, nécessairement, existent toujours) $|\tilde{\rho}|$ n'est pas nul, et le quadrivecteur (**A**, V) est donc alors déterminé de manière *unique* par les conditions aux limites du système (7-8). A partir de ses valeurs aux limites (**A**, V) se propage ensuite comme un véritable *champ physique*, couplé au tenseur électromagnétique (**E**, **H**), et possédant la même vitesse de propagation que (**E**, **H**). Ceci retire à la propagation électromagnétique son pur caractère de transversalité de l'onde, à l'onde habituelle transversale T vient se superposer une onde longitudinale L. Nous renvoyons aux nombreux travaux sur les conséquences importantes des remarques qui précèdent, et plus spécialement aux travaux de Schrödinger et Bass (réf. 11 et 12) ainsi que T.U. p. 138 et suiv.

b) *La masse propre du photon*, dans (7-8), est fournie par la valeur *locale* :

$$p_0 = \pm \frac{|\tilde{\rho}|}{\sqrt{2}} \Omega_0 .$$

En d'autres termes, la masse propre du photon diminue au fur et à mesure qu'il s'éloigne de l'électron source de l'onde électromagnétique, et devient nulle dans l'espace électrostatiquement non chargé.

Le fait pour le photon d'acquérir une masse propre non nulle, sur une partie au moins de son parcours entre la source et l'observateur, a une importance particulière en ce qui concerne le déplacement vers le rouge des ondes électromagnétiques qui nous sont transmises par les étoiles lointaines. Si l'on exclut l'effet relativiste *gravitationnel*, ce déplacement vers le rouge est habituellement interprété comme étant dans sa totalité dû à un effet Doppler, d'où l'on déduit ensuite la vitesse de récession de l'étoile émettrice. Cette conclusion suppose que la masse propre du photon est rigoureusement nulle, auquel cas le photon est incapable d'échanger de l'énergie avec les autres photons, et notamment ceux composant le rayonnement noir cosmique. (7-8) nous montre que le photon peut posséder, au moins sur une partie de sa trajectoire, une masse propre qui n'est pas rigoureusement nulle, et dépend en fait de la valeur du potentiel électrostatique dans les différentes régions de l'espace situées sur la trajectoire du photon. Cet échange d'énergie est particulièrement important si le photon traverse un milieu très fortement ionisé, où les potentiels électrostatiques sont naturellement différents de 0. Les observations récentes paraissent effectivement montrer que des effets de déplacement vers le rouge inexplicables par l'effet Doppler *seul* ont été observés pour les photons traversant la couronne solaire (voir notamment les travaux de Pecker et Vigier sur ce sujet). Si ce phénomène se trouve confirmé, comme le suggèrent et le précisent nos équations (7-8), certaines vitesses de récession *calculées* (pour les quasars notamment), et qui ne tiennent compte que de l'effet Doppler, seraient supérieures aux vitesses *réelles*.

c) Indépendamment des photons électromagnétiques engendrés par les sources du champ, décrits par le tenseur (**E**, **H**) et le quadrivecteur (**A**, V) couplé à (**E**, **H**), on constate sur nos équations (7-8) qu'*un champ magnétique statique* peut prendre naissance à partir de la seule distribution dans l'espace du potentiel électrostatique $|\tilde{\rho}|$. **H** étant un champ sans divergence sera nul pour une distribution de $\tilde{\rho}$ à symétrie sphérique ; par contre, un dipôle magnétique d'axe z va apparaître pour une distribution de $\tilde{\rho}$ à symétrie axiale d'axe z. Nous allons voir, au paragraphe 5 ci-dessous, que c'est précisément le cas de la distribution du potentiel électrostatique dans le nucléon à spin $\pm \frac{1}{2}$, et nous fournirons ainsi les équations permettant de calculer le moment magnétique du proton.

2. Le champ gravitomagnétique.

Soit ρ la densité de la matière dans un champ de *partons* où nous considérons, comme nous l'avons fait précédemment pour le champ de tachyons, qu'en chaque point mathématique de l'espace existent 2 partons adjacents, définissant dans l'ensemble du champ de partons un état de spin maximum 1 en chaque point.

Nous avons à considérer ici l'équation (1), soit :

$$\square^2 U + \xi^2 \langle \rho^2 \rangle U = 0 \tag{9}$$

où $\langle \rho^2 \rangle$ est la valeur quadratique moyenne de la densité de la matière.

Nous nous trouvons devant des équations tout à fait similaires à celles que nous avons considérées au paragraphe 1 qui précède, à cela près que la densité de la matière du nucléon et le potentiel gravitationnel remplacent ici le potentiel électrostatique.

U figurant dans (9) va encore être ici considéré comme un spineur à 16 composantes U_{ik} $(i, k = 1 \text{ à } 4)$.

Les 16 équations

$$\square^2 U_{ik} + \xi^2 \langle \rho^2 \rangle U_{ik} = 0 \qquad (i, k = 1 \text{ à } 4)$$

que doivent satisfaire les 16 composantes du spineur U sont équivalentes au système d'équations couplées :

$$\tag{10} \left\{ \begin{aligned} & \nabla \times \mathbf{E} + \frac{1}{c}\frac{\partial \mathbf{H}}{\partial t} = 0 \\ & \nabla . \mathbf{E} = -\, \xi(\langle \rho^2 \rangle)^{1/2}\, V \\ & \nabla \times \mathbf{H} - \frac{1}{c}\frac{\partial \mathbf{E}}{\partial t} = -\, \xi(\langle \rho^2 \rangle)^{1/2}\, \mathbf{A} \\ & \nabla . \mathbf{H} = 0 \\ & \nabla \times \mathbf{A} = \xi(\langle \rho^2 \rangle)^{1/2}\, \mathbf{H} \\ & \nabla . \mathbf{A} + \frac{1}{c}\frac{\partial V}{\partial t} = 0 \\ & \nabla V + \frac{1}{c}\frac{\partial \mathbf{A}}{\partial t} = -\, \xi(\langle \rho^2 \rangle)^{1/2}\, \mathbf{E}\,. \end{aligned} \right.$$

ρ étant astreint à satisfaire également partout nos équations unitaires (8), que les deux systèmes (7) et (10) ont en commun.

Pour une distribution d'antimatière (ce qui est le cas du potentiel gravitationnel (III, § 10)) $(\langle \rho^2 \rangle)^{1/2}$ prend sa valeur négative.

Nous constatons ainsi qu'une densité de matière ρ, variant ou non dans le temps, peut être la source d'une onde décrite, comme dans le cas électromagnétique, par le tenseur (**E**, **H**) et le quadrivecteur (**A**, V), couplés l'un à l'autre. Au lieu de se propager dans l'espace électrostatique (champ de tachyons), l'onde décrite par (10-8) se propage dans l'espace « matériel », c'est-à-dire la matière du nucléon et la densité cosmique constituant l'espace gravitationnel (champ de partons).

Pour le distinguer du champ électromagnétique nous nommerons ce *champ « gravitomagnétique »* ; nous nommerons *photons gravitationnels* (voir § 3 *b* ci-dessous) les photons associés à la propagation d'une onde gravitomagnétique.

Ce champ gravitomagnétique et les équations (10-8) qui le décrivent suggèrent les remarques suivantes :

a) Comme dans le cas de l'électromagnétisme, les équations (10) n'ont *pas d'invariance de jauge*, les 2 champs couplés (**E**, **H**) et (**A**, V) ont une signification physique.

b) *La masse propre* des photons gravitationnels est donnée par :

$$g = \pm (\langle \rho^2 \rangle)^{1/2} \Omega_0 .$$

Cette masse varie localement, et obéit partout à l'équation (8). Si ρ est égal à la densité cosmologique ρ_c (III, § 3), g est la masse propre g_0 du graviton.

c) Comme pour l'électromagnétisme, on constate sur nos équations (10) qu'*un champ magnétique statique* **H** peut prendre naissance à partir de la distribution de la densité ρ de la matière dans l'espace. **H** est nul pour une distribution à symétrie sphérique ($\nabla . \mathbf{H} = 0$), mais un dipôle magnétique d'axe z apparaît pour une distribution de ρ à symétrie axiale d'axe z. Nous allons voir, au paragraphe 4 ci-dessous, que cette conclusion laisse prévoir le moment magnétique du neutron, ce moment étant uniquement engendré par la distribution à symétrie axiale (spin $\pm \frac{1}{2}$) de la matière de cette particule.

3. Energie, masse propre et vitesse de propagation des photons.

a) *Photons électromagnétiques.*

Soit :

$$W = h\nu$$

l'énergie des photons créés à la source du champ électromagnétique décrit par (7-8).

La masse propre des photons p est fonction, comme nous venons de le voir au paragraphe 1, du potentiel électrostatique $\tilde{\rho}$ local et vaut :

$$p_0 = \frac{|\tilde{\rho}|}{\sqrt{2}} \Omega_0 .$$

La vitesse v de propagation des photons est alors donnée par :

$$W = h\nu = \frac{p_0 c^2}{\sqrt{1 - v^2/c^2}}$$

soit encore :

$$\frac{v}{c} = \beta = \sqrt{1 - \frac{p_0^2 c^4}{(h\nu)^2}} . \tag{11}$$

Notons que l'on a toujours :

$$\frac{p_0^2 c^4}{(h\nu)^2} \leqslant 1 .$$

En effet, même dans le cas d'un électron au repos dans le référentiel choisi et situé à la source du champ, l'aspect ondulatoire du tachyon-électron nous indique pour ce cas (notre axiome 9) :

$$p_0 c^2 = m_0 c^2 = h\nu .$$

La vitesse de propagation du photon est alors nulle d'après (11), c'est la vitesse de phase de l'électron (pour une masse propre imaginaire, Chap. IV, § 2). Quand la fréquence d'une onde électromagnétique diminue, sa vitesse diminue donc aussi et elle tend, à la limite inférieure $\nu = m_0 c^2/h$, vers l'onde ψ de la Mécanique ondulatoire servant à décrire l'électron source de l'onde électromagnétique.

On voit sur (11) que dans l'espace vide de potentiel électrostatique ($\tilde{\rho} \equiv 0$ donc $p_0 = 0$) les photons ont la vitesse c.

b) *Photons gravitationnels.*

La matière se présente selon des densités d'un ordre de grandeur très différent : on a soit les nucléons ($\rho \simeq 10^{15}$ g/cm^3), soit la densité cosmologique ($\rho_c \simeq 10^{-27}$ g/cm^3). C'est dans cette dernière densité que s'établit (III, § 10) l'onde stationnaire gravitationnelle associée à chaque nucléon.

Nous distinguerons ces 2 cas.

α) *Photons associés au nucléon.*

Négligeons ici l'énergie associée à la pulsation radiale du nucléon, qui est très faible devant l'énergie $\rho \Omega_0 c^2$ des partons composant la matière du nucléon. L'aspect ondulatoire (notre axiome 9) des partons du nucléon définit une énergie W en chaque point du nucléon décrite par :

$$W = h\nu$$

et une vitesse v des photons associés à cette fréquence ν donnée par :

$$W = h\nu = \frac{\rho \Omega_0 \, c^2}{\sqrt{1 - v^2/c^2}}$$

soit encore :

$$\frac{v}{c} = \beta = \sqrt{1 - \left(\frac{\rho \Omega_0 \, c^2}{h\nu}\right)^2}$$

avec, pour les mêmes raisons qu'en *a*) ci-dessus :

$$\frac{\rho \Omega_0 \, c^2}{h\nu} \leqslant 1 \, .$$

Les photons décrits par nos équations (10.8) représentent donc simplement ici l'aspect complémentaire *ondulatoire* associé à chaque parton de matière. C'est la vitesse *de phase* $\mho$ de ces photons qui est la vitesse de phase de l'onde ψ habituelle de la Mécanique ondulatoire. Nous avons montré (T.U. p. 42) comment *l'ensemble* des photons à vitesse nulle associés à la matière du nucléon engendraient une onde ψ, à vitesse de phase $\mho$, produisant l'impulsion et l'énergie observable du nucléon.

β) *Photons associés au potentiel gravitationnel.*

Nous sommes ici dans un cas tout à fait similaire à celui des photons émis dans l'espace électrostatique. Un neutron par exemple, soumis à un mouvement oscillatoire, accroît la densité de l'énergie gravitationnelle $(\langle \rho^2 \rangle)^{1/2} \, \Omega_0 \, c^2$ sur sa frontière Σ. Soit alors :

$$W = h\nu$$

l'énergie d'un parton sur Σ. Il va y avoir émission d'une onde « gravitomagnétique » décrite par (10-8), dont les photons gravitationnels auront localement pour masse propre :

$$g_0 = (\langle \rho^2 \rangle)^{1/2} \, \Omega_0$$

et donc une vitesse de propagation :

$$\frac{v}{c} = \beta = \sqrt{1 - \left(\frac{g_0 \, c^2}{h\nu}\right)^2} \, .$$

Là encore on a toujours :

$$\frac{g_0 c^2}{h\nu} \leqslant 1 .$$

Si $h\nu$ est grand par rapport à l'énergie des partons du potentiel gravitationnel local on a :

$$h\nu \gg g_0 c^2$$

et la vitesse de propagation des photons gravitationnels est voisine de c.

L'existence de ces ondes gravitomagnétiques et des photons gravitationnels ne doit pas nous surprendre puisque, comme on le sait, les équations de la Relativité générale admettent parmi leurs solutions des ondes gravitationnelles. Nous y reviendrons au chapitre VI suivant.

Un point important que nous venons de relever au cours du présent paragraphe, et qu'il nous faut souligner, est celui-ci :

En chaque point d'un champ, de partons ou de tachyons, il existe bien deux aspects *complémentaires* selon lesquels on peut opérer la description : un aspect corpusculaire et un aspect ondulatoire. Mais ces deux aspects ne considèrent pas ce même point sous le même état de spin : *l'aspect corpusculaire décrit le spin demi-entier, l'aspect ondulatoire le spin entier.*

4. Le moment magnétique du neutron.

Appliquons nos équations (10-8) à la distribution à symétrie *axiale* de la densité de matière ρ du neutron, dans l'approximation de la solution statique ($\partial/\partial t = 0$). Nous avons calculé numériquement cette distribution au chapitre III.

(10) comporte alors pour solution un *champ magnétique statique H*, se présentant comme un dipôle d'axe z, satisfaisant le système :

$$(12) \qquad \begin{cases} \nabla \times \mathbf{H} = -\xi\rho\mathbf{A} \\ \nabla . \mathbf{H} \quad = 0 \\ \nabla \times \mathbf{A} = \xi\rho\mathbf{H} \\ \nabla . \mathbf{A} \quad = 0 \\ \dfrac{\partial^2\rho}{\partial x^2} + \dfrac{\partial^2\rho}{\partial z^2} + \dfrac{1}{x}\dfrac{\partial\rho}{\partial x} + \xi^2 \rho^3 = 0 . \end{cases}$$

On montre facilement (T.U. p. 142) que les composantes H_x et H_z de ce champ magnétique statique sont, d'après (12), solutions des 3 équations couplées :

$$(13)\quad \begin{cases} \dfrac{\partial^2 H_z}{\partial z^2} - \dfrac{1}{x}\,\dfrac{\partial H_z}{\partial x} + \dfrac{1}{\rho}\,\dfrac{\partial \rho}{\partial z}\,\dfrac{\partial H_z}{\partial z} + H_z\left[\xi^2\,\rho^2 + \dfrac{1}{\rho}\,\dfrac{\partial^2 \rho}{\partial z^2} - \dfrac{1}{\rho^2}\left(\dfrac{\partial \rho}{\partial z}\right)^2\right] = 0 \\ H_x = -\,x\left(\dfrac{\partial H_z}{\partial z} + \dfrac{1}{\rho}\,\dfrac{\partial \rho}{\partial z}\,H_z\right) \\ \dfrac{\partial^2 \rho}{\partial x^2} + \dfrac{\partial^2 \rho}{\partial z^2} + \dfrac{1}{x}\,\dfrac{\partial \rho}{\partial x} + \xi^2\,\rho^3 = 0 \\ \left(\dfrac{\partial \rho}{\partial x}\right)_{z=0} = 0 \qquad \left(\dfrac{\partial \rho}{\partial z}\right)_{x=0} = 0 \qquad \rho_{x=z=0} = \rho_0\,. \end{cases}$$

A ce champ statique doit correspondre le moment magnétique du neutron $\mathfrak{M}_n$. L'analyse numérique du système (13) fera l'objet d'un travail ultérieur ; elle devrait permettre de retrouver quantitativement le moment observé :

$$\mathfrak{M}_n = -\,1{,}91 \text{ m.n.}$$

5. Le moment magnétique du proton.

Nous avons, au chapitre IV, utilisé une méthode approximative pour obtenir une première estimation du moment magnétique engendré *par le potentiel électrostatique* du proton (Chap. IV, § 8 *b*). Nous pouvons maintenant utiliser le système (7-8) pour obtenir une valeur plus précise de ce moment magnétique.

Puisque la distribution de la densité *de matière* u_s du proton est à symétrie axiale, il en sera de même de l'amplitude b_p du potentiel électrostatique dans la matière du proton, puisque ce potentiel est couplé à u_s par l'équation (IV.1) :

$$\nabla^2 b_p + (3\,u_s^2 + \omega_0^2)\,b_p = 0\,.$$

Nous constatons alors, avec (7), que cette distribution à symétrie axiale d'axe z de b_p engendre un champ magnétique statique $\mathbf{H}$, qui va être solution de :

$$(14)\quad \begin{cases} \dfrac{\partial^2 H_z}{\partial z^2} - \dfrac{1}{x}\,\dfrac{\partial H_z}{\partial x} + \dfrac{1}{|\,b_p\,|}\,\dfrac{\partial\,|\,b_p\,|}{\partial z}\,\dfrac{\partial H_z}{\partial z} \\ \qquad + H_z\left[\dfrac{\xi^2\,|\,b_p^2\,|\,\rho_0^2}{2} + \dfrac{1}{|\,b_p\,|}\,\dfrac{\partial^2\,|\,b_p\,|}{\partial z^2} - \dfrac{1}{|\,b_p\,|^2}\left(\dfrac{\partial\,|\,b_p\,|}{\partial z}\right)^2\right] = 0 \\ H_x = -\,x\left(\dfrac{\partial H_z}{\partial z} + \dfrac{1}{|\,b_p\,|}\,\dfrac{\partial\,|\,b_p\,|}{\partial z}\,H_z\right) \\ \nabla^2 b_p + 3(u_s^2 + \omega_0^2)\,b_p = 0 \qquad \dfrac{|\,b_p\,|}{\sqrt{2}} = (\langle\, b_p^2\,\rangle)^{1/2} \\ \nabla^2 u_s + u_s^3 = 0 \\ \nabla^2 = \dfrac{\partial^2}{\partial z^2} + \dfrac{\partial^2}{\partial x^2} + \dfrac{1}{x}\,\dfrac{\partial}{\partial x}\,. \end{cases}$$

L'analyse numérique du système (14) est en cours, et fera également l'objet d'une publication ultérieure. Soit $\tilde{\mathfrak{M}}$ le moment magnétique engendré par le potentiel électrostatique du proton, ainsi solution de (14).

Si nous tenons maintenant compte des résultats du paragraphe 4 précédent, au cours duquel nous avons constaté que la distribution à symétrie axiale *de la matière* engendrait à elle seule un moment magnétique $\mathfrak{M}_n$, nous devons conclure que le moment magnétique $\mathfrak{M}_p$ du proton est fourni algébriquement par :

(15) $$\mathfrak{M}_p = \tilde{\mathfrak{M}} + \mathfrak{M}_n$$

où $\mathfrak{M}_n$ désigne le moment magnétique du neutron, obtenu au paragraphe 4.

On aperçoit ici comment le moment magnétique du proton se trouve lié au *moment cinétique de rotation* M_z de cette particule : la distribution à symétrie axiale de la densité u_s de la matière du proton entraîne l'existence de M_z (que nous avons numériquement calculé Chap. III, § 7), *mais aussi* les 2 moments magnétiques $\tilde{\mathfrak{M}}$ et $\mathfrak{M}_n$, déduits des équations (14) et (13), respectivement.

6. Champs magnétiques cosmiques.

Nous avons vu, au chapitre III, paragraphe 10 (et nous y reviendrons plus en détail au chapitre qui suit) que le potentiel gravitationnel d'un nucléon était décrit par une onde u_g stationnaire (III.49) engendrée dans la densité cosmique u_c de l'espace « vide » par la pulsation radiale de la frontière Σ du nucléon :

$$u_g = u_c + n_\Sigma \frac{u_c}{\omega_0} \frac{1}{x - x_\Sigma} \sin\left[\omega_0(x - x_\Sigma)\right] \sin \omega_0 \tau \,.$$

Chaque nucléon de la matière engendre une telle onde gravitationnelle. Soit ρ_g la valeur résultante de la densité cosmique en chaque point de l'espace. ρ_g permet de calculer la densité quadratique moyenne cosmique : $(\langle \rho_g^2 \rangle)^{1/2}$.

On définirait ainsi une densité de l'énergie gravitationnelle en chaque point de l'espace :

(16) $$D_g = (\langle \rho_g^2 \rangle)^{1/2} c^2 \,.$$

C'est cette densité qu'il faut, comme on le voit, reporter dans nos équations (10) pour le champ gravitomagnétique.

Nous venons de constater, au paragraphe 4, en calculant le moment magnétique du neutron, que si cette densité de l'énergie gravitationnelle D_g *n'a pas rigoureusement une symétrie sphérique* elle va engendrer dans l'espace, en vertu de nos équations (10), *un champ magnétique statique*.

Nous pensons que les champs magnétiques cosmiques, et plus particulièrement les champs magnétiques dipolaires des corps cosmiques (étoiles, planètes...) sont (au moins dans leur plus grande partie) engendrés de cette manière par un « écart à la symétrie sphérique » de la distribution dans l'espace de la densité d'énergie gravitationnelle D_g.

Notons qu'un tel champ magnétique *n'est pas ici la conséquence d'une rotation du corps cosmique* : certes, un corps cosmique en rotation n'est généralement pas une sphère parfaite (ellipsoïde de révolution, sphère aplatie...) et son potentiel gravitationnel, qui dépend *de sa forme*, est plus généralement à symétrie axiale qu'à symétrie sphérique. Mais la rotation n'entraîne pas ici le champ magnétique, seule la forme du potentiel gravitationnel intervient dans la création de ce champ. Si la rotation du corps cosmique venait notamment à être modifiée, sans que sa forme le soit, le champ magnétique du corps cosmique resterait inchangé, puisqu'il en serait de même de son potentiel gravitationnel.

7. Etats de l'espace-temps à spin maximum supérieur à 1.

Dans la méthode générale de fusion des particules à spin, telle que l'ont développée par exemple de Broglie, Fierz, Tonnelat et Petiau, on opère la fusion entre particules voisines mais cependant *spatialement distinctes*. On notera que le point de vue que nous avons adopté ici est sensiblement différent : nous considérons le spin maximum 1, par exemple, comme produit dans la fusion de 2 partons (ou tachyons) *adjacents* de l'espace ; mais, comme chaque parton (ou tachyon) est, par définition, de *rayon nul* (point mathématique de l'espace), les grandeurs produites dans la fusion décrivent toujours dans notre cas les propriétés d'*un seul* point mathématique de l'espace, confondu lui-même avec le point où l'on a considéré les 2 partons (ou tachyons) adjacents participant à la fusion. En d'autres termes, il n'est pas ici correct de dire que certains points de l'espace-temps sont caractérisés par le spin $\frac{1}{2}$, d'autres par le spin 1 : la description *complète* d'un même point A nécessite d'examiner quelles sont les valeurs des grandeurs de spin $\frac{1}{2}$ en ce point A, *et aussi* les valeurs des grandeurs de spin 1. Ces états de spins différents sont, en quelque sorte, toujours « potentiellement » existants en *chaque* point de l'espace ; mais, bien entendu, les grandeurs afférentes à un état de spin particulier peuvent éventuellement être nulles, et peuvent plus généralement évoluer dans le temps.

Un exemple du point de vue adopté ici pour décrire aussi complètement que possible les grandeurs afférentes à un même point A de l'espace-temps est illustré par les 2 descriptions complémentaires du point A : corpusculaire et ondulatoire. La description de l'état corpusculaire en A est fournie par les grandeurs de spin demi-entier, la description de l'état ondulatoire en A par les grandeurs de spin entier.

Ces 2 types de grandeurs sont fondamentalement distincts par le fait que :

- les grandeurs de spin demi-entier sont *des spineurs stricts*, en ce sens qu'il n'est pas possible de leur substituer un système équivalent de grandeurs tensorielles : c'est le cas, notamment, du moment cinétique de rotation et du moment magnétique associés à l'électron, constitué comme nous l'avons vu par un seul tachyon (Chap. IV, § 2) ;

- les grandeurs de spin entier, association par fusion de spineurs, sont naturellement aussi des spineurs : mais il est possible de leur substituer un système équivalent de *grandeurs tensorielles*. C'est le cas, nous l'avons vu aussi, du tenseur (**E**, **H**) et du quadrivecteur (**A**, V), se substituant aux 16 composantes U_{ik} du spineur U (§§ 1 et 2).

Cette possibilité de décrire plus complètement, *au moyen de plusieurs états complémentaires*, *un même* point A de l'espace-temps, repose en fait sur notre axiome 8, qui accorde une propriété physique généralement octroyée à un volume *étendu* d'espace à un point *mathématique* de l'espace, à savoir le spin $\pm \frac{1}{2} \hbar$. Ceci rend alors possible une description plus complète de ce point à partir de la combinaison des grandeurs associées à son spin propre et de celles des points adjacents, *mathématiquement confondus dans l'espace avec lui-même* (par définition des mots « point » et « adjacent »).

Mais, dans ce cas, on est tenté de poursuivre *pour des états de spin supérieurs à* 1 la méthode de fusion qui nous a fourni les 2 descriptions complémentaires : spin $\frac{1}{2}$, puis spin 1, du même point de l'espace. Si nous conjuguons ensemble par fusion, par exemple, les grandeurs caractéristiques propres à 3 partons adjacents au point A, nous obtiendrons les grandeurs physiques de spin maximum $\frac{3}{2}$, « potentiellement » existantes en A (c'est-à-dire constituant un aspect complémentaire nouveau à découvrir du point A). Et ainsi de suite : le spin maximum 2 au point A sera décrit par la fusion de 4 partons (ou 4 tachyons) en ce même point A de l'espace.

Nous pensons que cette méthode de description plus complète d'un point A quelconque au moyen des descriptions complémentaires successives de plusieurs états de spin, obtenus par fusion d'états de spin « élémentaire » (axiome 8) $\pm \frac{1}{2} \hbar$, présente un très grand intérêt pour obtenir une connaissance plus complète des phénomènes. De manière plus précise, nous pensons qu'un certain nombre de phénomènes *observés*, comme les phénomènes biologiques par exemple, qui font sans aucun doute appel à une conjugaison *complexe* des différentes grandeurs physiques présentes dans l'espace-temps (pourraient-elles être présentes ailleurs ?) pourraient trouver un formalisme mathématique utile pour les interpréter dans cette méthode de fusion, donnant accès à des propriétés toujours plus complexes de l'espace-temps (*).

Ceci souligne l'importance des (trop rares) recherches entreprises sur la méthode générale de fusion des états de spin, parmi lesquelles nous voudrions notamment citer celles de M. A. Tonnelat sur la particule de spin maximum 2 (réf. 9 et 10) et celles de L. de Broglie sur l'étude de la nomenclature générale des états de spin (réf. 5).

(*) Des développements sur ce sujet n'ont pas leur place ici ; l'auteur s'en est expliqué plus en détail dans son ouvrage « L'Homme et l'Univers », Albin Michel (1974).

8. Probabilisme et aspect ondulatoire des particules.

Notre axiome 9 propose le principe d'une représentation ondulatoire de chaque parton ou tachyon de masse propre m_0, en associant à ces particules une fréquence propre ν_0 telle que $h\nu_0 = m_0 c^2$ (principe de la Mécanique ondulatoire).

A la réflexion, cette relation peut cependant ne pas paraître tout à fait satisfaisante, car le premier membre ($h\nu_0$) fait figurer une sorte de photon, donc un spin 1, alors que le second ($m_0 c^2$) traduit un aspect corpusculaire, donc un spin demi-entier.

Le paragraphe 7 qui précède nous éclaire en nous suggérant la réponse à cette difficulté : chaque parton ou tachyon peut subir des transitions vers des états de spin plus élevés ($\frac{1}{2}$, 1, $\frac{3}{2}$...), et l'aspect ondulatoire $h\nu_0$ est en fait la description *de l'état de spin* 1 de la particule, et non pas de l'état de spin $\frac{1}{2}$. En d'autres termes, si un corpuscule est mis dans des conditions expérimentales lui fournissant la possibilité d'un comportement ondulatoire, ses grandeurs de spin 1 « sortent » de zéro, et il interagit *tant que durent ces conditions expérimentales* comme une onde ; dès la fin de l'interaction il retourne à son état fondamental de spin demi-entier. L'échange de quantité de mouvement correspondant à ces changements de spin a donc finalement lieu avec le dispositif expérimental, au cours de l'interaction entre ce dispositif et la particule.

Ce qui est vrai pour un parton ou un tachyon considéré isolément l'est encore pour un électron (qui est un tachyon), et aussi pour un nucléon (qui est un ensemble de partons, voir T.U., p. 49).

En résumé, toute particule est ainsi capable de subir, au cours de certaines interactions, des transitions d'un spin demi-entier à un spin entier, et vice versa, se comportant alors suivant le cas, et respectivement, comme un corpuscule ou comme une onde. On se souviendra qu'une telle idée avait été proposée par Erwin Schrödinger dès 1927 ; nous avons levé ici les principales difficultés qui avaient été opposées à l'époque à cette interprétation, en décrivant le processus tel qu'il se déroule au niveau sub-observable.

Les *transitions corpusculaires* dont nous venons de parler peuvent être considérées comme la généralisation à l'échelle dimensionnelle inférieure des transitions atomiques, au cours desquelles le changement de spin d'un mouvement corpusculaire donne lieu à la création d'une onde (photon), ou vice versa.

CHAPITRE VI

L'INTERACTION GRAVITATIONNELLE

Au chapitre III, paragraphe 10, nous avons étudié la structure du nucléon et indiqué le mécanisme d'émission du potentiel gravitationnel de cette particule.

Nous allons rappeler ici, en les précisant, les résultats déjà obtenus.

1. L'interaction gravitationnelle.

La densité de la matière du nucléon possède une pulsation radiale décrite par l'onde stationnaire :

$$u(x, \tau) = u_s + a(x)\, e^{j\omega_0 \tau}$$

l'amplitude a de cette onde étant solution de (III.43) :

$$(1) \qquad \begin{cases} \dfrac{d^2 a}{dx^2} + \dfrac{2}{x}\dfrac{da}{dx} + (3\, u_s^2 + \omega_0^2)\, a = 0 \\ a_{x=0} = a_0 \qquad \left(\dfrac{da}{dx}\right)_{x=0} = 0 \end{cases}$$

où u_s désigne la solution de notre équation (III.7) pour la distribution statique ($\partial/\partial t = 0$) de la densité de matière du nucléon (équation de Lane-Emden).

Nous avons trouvé (III.45) que la valeur de la pulsation non dimensionnelle ω_0 est :

$$\omega_0 = \frac{3}{2}\frac{S_0}{x_\Sigma^3} = 0{,}064\,.$$

C'est cette pulsation radiale qui est la source du potentiel gravitationnel du nucléon. Rappelons-en le mécanisme :

L'espace cosmique dit « vide » contient, en fait, une densité cosmique d'antimatière, uniformément répartie dans tout l'espace, et variant lentement dans le temps t conformément à notre équation (III.14) :

$$\frac{1}{c^2}\frac{d^2\rho}{dt^2} = \xi^2 \rho^3$$

dont la solution est (III.15) :

$$\rho_c = -\frac{\sqrt{2}}{\xi c}\frac{1}{t+t_0}$$

où t désigne l'âge actuel de l'Univers spatial et t_0 une constante d'intégration. Nous obtiendrons, au chapitre VIII :

$$\begin{cases} t = 1{,}01\,.\,10^{10} \text{ années} \\ t_0 = 0{,}206\,.\,10^{-23} \text{ s}\,. \end{cases}$$

La pulsation de densité du nucléon provoque une variation périodique du « rayon » du nucléon, c'est-à-dire une pulsation radiale de sa frontière Σ, définie comme le lieu géométrique des points où la densité u de la matière du nucléon est nulle ($\forall\tau$).

Un parton de l'espace « vide » situé au voisinage de la frontière Σ du nucléon a donc, pendant la pulsation radiale de Σ, une densité qui oscille entre 0 (parton *sur* Σ) et ρ_c (parton dans l'espace vide).

Ce mécanisme entraîne que le parton considéré devient l'origine d'une oscillation $\rho(x, t)$, d'amplitude ρ_c et de fréquence $\nu_0 = 2\,\pi/\omega_0$. L'onde stationnaire générée par ce parton est de la forme :

$$u_g = u_c + a(x)\,e^{j\omega_0\tau}$$

avec a à nouveau solution de (1), avec maintenant $u_s = u_c = \text{Cte}$ ($\rho_c = \rho_0\,u_c$), soit pour $x \in [x_\Sigma, \infty]$:

(2) $$u_g = u_c + \frac{u_c}{\omega_0}\frac{1}{x - x_\Sigma}\sin\left[\omega_0(x - x_\Sigma)\right]\sin\omega_0\,\tau\,.$$

(1) est l'approximation linéaire de notre équation complète non linéaire (III.39). Dans cette approximation linéaire nous pouvons considérer que la superposition dans l'espace des ondes (2) produites par un grand nombre de partons situés sur la surface Σ du nucléon est toujours solution de (1).

Plus généralement encore, cette superposition linéaire des ondes gravitationnelles est encore valable pour un grand nombre de nucléons, tels que ceux regroupés dans les noyaux atomiques par exemple.

Comme nous l'avons vu au chapitre III, paragraphe 8, en étudiant les solutions périodiques de nos équations unitaires, l'approximation d'une superposition *linéaire* des ondes gravitationnelles produites par les nucléons est valable tant que :

(3) $$u_g \ll 1 \qquad (\forall x, \tau)\,.$$

Dans ce qui suit nous supposerons cette condition (3) toujours satisfaite pour les potentiels gravitationnels considérés. Quand nous aurons, à la fin du présent paragraphe, numériquement évalué en fonction de l'amplitude des ondes gravitationnelles la constante G de la gravitation, nous pourrons vérifier que (3) est parfaitement réalisé pour les potentiels gravitationnels habituellement considérés (étoiles, planètes...).

Dans le cas de potentiels gravitationnels particulièrement élevés, pour lesquels (3) ne serait plus satisfait, il conviendrait de revenir à nos équations complètes non linéaires (III.39-40) pour le calcul de l'interaction gravitationnelle dans de telles régions de l'espace.

En sommant d'abord l'amplitude des ondes gravitationnelles sur le nombre « efficace » (III.29) n_Σ de partons situés sur la surface Σ du nucléon, qui sont de cette manière la source d'ondes gravitationnelles (2), on obtient une onde stationnaire gravitationnelle résultante pour un nucléon qui, en unités non dimensionnelles ($u = 1$ au centre du nucléon), s'écrit :

$$(4) \qquad u_g = u_c + n_\Sigma \frac{u_c}{\omega_0} \frac{1}{x - x_\Sigma} \sin\left[\omega_0(x - x_\Sigma)\right] \sin \omega_0 \tau$$

avec (III.29) :

$$n_\Sigma = \frac{4\,\pi\lambda^2}{\pi l_0^2} = \frac{4\,\lambda^2}{l_0^2}$$

où λ est le rayon (III.31) du nucléon, et l_0 la longueur élémentaire tirée de notre constante fondamentale :

$$l_0 = \left(\frac{3\,\Omega_0}{4\,\pi}\right)^{1/3} = 6{,}60.10^{-14}\ \text{cm}$$

soit pour n_Σ :

$$n_\Sigma = 14{,}1\,.$$

Un parton quelconque du champ de partons, plongé dans l'onde gravitationnelle (4) produite par un nucléon, sera soumis dans le référentiel propre du nucléon source de l'onde à une force f (III.25) :

$$f = -\,\nabla W$$

où W est l'énergie au point considéré de l'onde gravitationnelle, fournie à partir de notre équation relativiste (III.23) :

$$\frac{1}{\hbar^2}\left[\frac{W^2}{c^2} - \sum_{i=1}^{3} p_i^2\right] = \frac{1}{\hbar^2}\frac{W^2}{c^2} = \xi^2\,\rho_g^2 = \xi^2\,\rho_0^2\,u_g^2$$

et donc :

$$(5) \qquad W = D_g\,\Omega_0 = \frac{\xi\rho_0\,\hbar c}{\sqrt{2}}\,|\,u_g\,|$$

où D_g est la densité de l'énergie gravitationnelle (V.16).

$|u_g|$ s'exprime à partir de (4) :

$$(6) \qquad |u_g| = u_c + \frac{n_\Sigma}{\sqrt{2}} \frac{u_c}{\omega_0} \frac{1}{x - x_\Sigma} |\sin [\omega_0(x - x_\Sigma)]| .$$

La force f_1 appliquée à *un* parton situé dans le champ est donc :

$$f_1 = - n_\Sigma \frac{\xi \rho_0 \hbar c}{\sqrt{2}} \nabla_r |u_g| = - n_\Sigma \frac{\xi^2 \rho_0^2 \hbar c}{\sqrt{2}} \nabla_x |u_g|$$

et la force totale exercée sur les n_Σ partons (nombre « efficace ») situés sur la surface Σ d'un autre nucléon plongé dans le potentiel gravitationnel du premier vaut alors :

$$(7) \qquad f_g = - n_\Sigma^2 \frac{\xi^2 \rho_0^2 \hbar c}{\sqrt{2}} \nabla |u_g|$$

(6) et (7) caractérisent l'interaction gravitationnelle nucléon/nucléon.

Comme dans le cas de l'interaction électrostatique, dont l'expression (IV.13) ressemble beaucoup à (7) ci-dessus, nous avons à distinguer 2 cas, suivant que la distance r entre nucléons est ou non grande par rapport à une longueur d'onde λ_0 de l'onde gravitationnelle :

$$\lambda_0 = \frac{2\pi c}{\omega_0} = 1{,}76 \,.\, 10^{-12} \text{ cm} .$$

Notons que cette longueur d'onde gravitationnelle est *identique* à la longueur d'onde électrostatique λ_e (V.14).

a) *Interaction microscopique* ($r \simeq \lambda_0$).

Il faut alors utiliser rigoureusement (6) pour l'expression de $|u_g|$ entrant dans l'interaction gravitationnelle (7) nucléon/nucléon.

La distance d'approche la plus faible à considérer ici est :

$$x > 2\, x_\Sigma .$$

Pour $x \leqslant 2\, x_\Sigma$ interviennent les interactions *fortes* (Chap. III, § 6).

La force f_g appliquée à chaque nucléon à distance x l'un de l'autre est alors, d'après (6) et (7) :

$$(8) \quad f_g = n_\Sigma^2 \frac{\xi^2 \rho_0^2 \hbar c}{\sqrt{2}} \times \left[\frac{u_c}{\omega_0} |\sin \omega_0(x - x_\Sigma)| \frac{1}{(x - x_\Sigma)^2} - \frac{u_c}{x - x_\Sigma} |\cos \omega_0(x - x_\Sigma)| \right] .$$

Le graphe 5, qui représentait le potentiel $| u_e |$ dont dérive f_e pour le potentiel électrostatique à faible distance x, est encore ici valable pour représenter le potentiel gravitationnel $| u_g |$ dont dérive l'interaction gravitationnelle (8).

b) *Interaction macroscopique* ($r \gg \lambda_0$).

Pour une distance r entre nucléons grande par rapport à λ_0 (cas gravitationnel habituel) nous aurons, de manière tout à fait similaire au calcul effectué pour le cas macroscopique électrostatique (Chap. IV, § 4 *c*) :

$$\bar{f}_g = n_\Sigma^2 \frac{\hbar c}{\sqrt{2}} \frac{u_c}{\omega_0} \frac{1}{r^2} \tag{9}$$

où nous sommes revenus, pour simplifier l'écriture, à la distance *dimensionnelle* ($r = \xi \rho_0 x$) entre nucléons.

$\bar{f}_g$ est ici une force *moyennée dans l'espace* sur un déplacement Δr du nucléon situé dans le potentiel gravitationnel tel que :

$$\Delta r \gg \lambda_0 = 1{,}76.10^{-12}\ \text{cm} .$$

Nous allons maintenant comparer le modèle gravitationnel précédent, qui nous a conduit aux expressions (8) et (9) de l'interaction gravitationnelle nucléon/nucléon, au modèle *newtonien*, puis au modèle *relativiste* de la gravitation.

2. Comparaison à la loi newtonienne.

a) *Caractère attractif de l'interaction macroscopique.*

u_c étant *négatif* d'après (III.15), on voit que l'interaction gravitationnelle *macroscopique* entre nucléons, fournie par (9), est bien toujours attractive.

b) *Alternance de f pour l'interaction microscopique.*

Par contre, et comme c'était déjà le cas pour l'interaction électrostatique, (8) nous montre que pour des distances entre nucléons de l'ordre de $\lambda_0 \simeq 10^{-12}$ cm, l'interaction gravitationnelle ne peut plus valablement être « moyennée » dans l'espace et présente des alternances successives de force attractive et répulsive. Ces alternances sont visibles sur le graphe 5 pour $| u_g |$, dont dérive la force f fournie par (8).

Ce résultat n'est naturellement prévisible ni en théorie newtonienne, ni en théorie relativiste, puisque ces théories ne disposent pas d'une forme *microscopique* pour le tenseur impulsion-énergie $T_{\alpha\beta}$.

c) *Interaction nulle avec l'électron.*

Dans l'*approximation linéaire* de nos équations (III.39 et 40), qui nous a servi pour calculer le potentiel gravitationnel u_g (2), il n'existe aucun couplage des tachyons avec la partie *périodique* du champ de partons ; en d'autres termes l'électron, qui est un tachyon (Chap. IV, § 2), n'est pas couplé au potentiel gravitationnel u_g.

Dans l'*approximation non linéaire* de nos équations (III.39 et 40) nous verrons au chapitre VII, paragraphe 4, que le couplage de l'électron au potentiel gravitationnel fait intervenir une constante de couplage 10^{40} fois plus petite environ que la constante de gravitation G, donc négligeable.

Cette absence d'interaction de l'électron avec le potentiel gravitationnel constitue une différence profonde avec l'interprétation newtonienne, ou même relativiste. Cela tient au fait que ces théories n'ont pas reconnu la nature *purement électrostatique* de l'électron, et ont assimilé celui-ci à une particule de matière.

Notons que la masse relative aux électrons dans les atomes est de l'ordre de 3/10 000 de la masse totale de l'atome, alors que la valeur observée de la constante G de la gravitation :

$$G = 6{,}670 \pm 0{,}005 . 10^{-8} \text{ c.g.s.}$$

n'est connue qu'avec une précision relative de l'ordre de 1/1 000. Le résultat obtenu ici, selon lequel les électrons ne participent pas à l'interaction gravitationnelle, n'est donc pas en contradiction avec l'observation.

d) *Proportionnalité de f aux masses de matière en interaction.*

α) *Niveau microscopique.*

Au lieu de supposer, comme nous l'avons fait ci-dessus, que l'interaction gravitationnelle concerne 2 nucléons, considérons maintenant le cas général de l'interaction gravitationnelle entre 2 particules « élémentaires » de matière, stables ou instables.

Une particule 2 plongée dans le potentiel gravitationnel d'une particule 1 sera soumise à une force f_{12} qui, dans le référentiel propre de la particule 1, va s'écrire :

$$(10) \qquad f_{12} = - n_{2\Sigma} \nabla W_1$$

où $n_{2\Sigma}$ est le nombre efficace de partons situés sur la frontière Σ de la particule 2 et W_1 l'énergie du potentiel gravitationnel créé par la particule 1, au point où se trouve la particule 2 (cf. § 1 ci-dessus).

(10) s'écrit encore, en tenant compte de (9) :

$$(11) \qquad \bar{f}_{12} = n_{1\Sigma} n_{2\Sigma} \frac{\hbar c}{\sqrt{2}} \frac{u_c}{\omega_0} \frac{1}{r^2}$$

où nous avons fait intervenir le nombre efficace $n_{1\Sigma}$ des partons sources du potentiel gravitationnel de la particule 1, sur sa frontière Σ.

Mais $n_{1\Sigma}$ et $n_{2\Sigma}$ s'expriment en fonction des masses propres m_1 et m_2 des 2 particules 1 et 2 (III.12) :

$$n_{i\Sigma} = \frac{4\,\lambda_i^2}{l_0^2} = \frac{4\,\xi x_\Sigma^2}{4\,\pi S_0\, l_0^2}\, m_i = \frac{\xi x_\Sigma^2}{\pi S_0\, l_0^2}\, m_i \qquad (i = 1, 2)$$

en admettant que les distributions des densités de la matière dans les particules *instables* soient identiques (au moins en première approximation) à celle du nucléon (solution de l'équation de Lane-Emden, graphe 1).

Finalement, (11) s'écrit :

$$f_{12} = \frac{\xi^2\, x_\Sigma^4}{\pi^2\, S_0^2\, l_0^4}\, \frac{\hbar c}{\sqrt{2}}\, \frac{u_c}{\omega_0}\, \frac{m_1\, m_2}{r^2} \tag{12}$$

où le rapport non dimensionnel u_c/ω_0 ne dépend pas des particules en interaction.

Ainsi on retrouve bien la forme générale de la loi newtonienne, qui postule la proportionnalité de la force gravitationnelle aux 2 masses en interaction, quelles que soient les particules « élémentaires » en cause.

β) Niveau macroscopique.

Compte tenu de la linéarité de l'équation gravitationnelle (1), et tant que la condition (3) :

$$u_g \ll 1$$

est réalisée pour la région de l'espace où on considère l'interaction, on peut calculer les effets gravitationnels entre deux masses M et m en totalisant les effets gravitationnels linéairement superposés des M/μ_0 et m/μ_0 nucléons qui les forment, μ_0 désignant la masse propre du nucléon.

Ceci s'écrit, avec (9) :

$$f_{Mm} = n_\Sigma^2\, \frac{\hbar c}{\sqrt{2}\,\mu_0^2}\, \frac{u_c}{\omega_0}\, \frac{Mm}{r^2} \tag{13}$$

avec n_Σ s'exprimant lui-même en fonction de nos constantes fondamentales :

$$n_\Sigma = \frac{4\,\pi\lambda^2}{\pi l_0^2} = \frac{4\,\pi x_\Sigma^2}{3\,S_0} = 14{,}1\ . \tag{14}$$

Nous retrouvons bien, là encore, l'allure générale de la loi newtonienne.

e) *La « constante » G de la gravitation.*

La densité cosmique (non dimensionnelle) u_c, figurant dans (13), varie comme nous l'avons vu (III.15) lentement dans le temps :

$$u_c = \frac{\rho_c}{\rho_0} = -\frac{\sqrt{2}}{\xi c \rho_0} \frac{1}{t + t_0}.$$

En substituant cette valeur dans (13), et en tenant compte également de la valeur (III.9) pour le rayon λ du nucléon, (13) s'écrit :

$$f_{Mm} = n_\Sigma^2 \frac{\hbar\lambda}{\omega_0 \, x_\Sigma \, \mu_0^2} \frac{1}{t + t_0} \frac{Mm}{r^2}. \tag{15}$$

t désigne ici l'âge actuel de l'Univers spatial. Comme (§ 1) $t_0 = 0{,}206 . 10^{-23}$ s, nous pourrons prendre pour expression de la « constante » G de la gravitation dans (15) :

$$G = n_\Sigma^2 \frac{\hbar\lambda}{\omega_0 \, x_\Sigma \, \mu_0^2} \frac{1}{t}. \tag{16}$$

Toutes les grandeurs figurant dans (16) s'expriment en fonction de nos constantes fondamentales c, h et Ω_0 ; on a :

$$G = \left(\frac{4^5}{3^5 \pi}\right)^{1/6} \frac{x_\Sigma^7}{S_0^{7/2}} \frac{\Omega_0^{5/3} c^4}{h^3} \frac{1}{t} \tag{17}$$

soit numériquement :

$$G = 2{,}12 . 10^{10} \frac{1}{t} \qquad \text{(c.g.s.)}. \tag{18}$$

La valeur *observée* $G = 6{,}67 . 10^{-8}$ c.g.s. nous permet de calculer exactement *l'âge actuel t_a de l'Univers* :

$$t_a = \frac{2{,}12 . 10^{10}}{6{,}67 . 10^{-8}} = 3{,}18 . 10^{17} = 1{,}01 . 10^{10} \text{ années}$$

qui est en bon accord avec les estimations tirées d'autres observations.

Au chapitre VIII (modèle cosmologique) nous obtiendrons pour valeur c_H de la constante de Hubble en fonction de l'âge actuel t_a de l'Univers :

$$c_H = \frac{1}{t_a} \tag{19}$$

dont la valeur observée (A. R. Sandage, 1964) est :

$$(c_H)_{\text{observé}} = 3{,}13\,.\,10^{-18}\ \text{s}^{-1}\,.$$

Les relations (18) et (19) déduites de nos équations unitaires fournissent pour le rapport G/c_H :

$$\frac{G}{c_H} = 2{,}12\,.\,10^{10} \qquad \text{(c.g.s.)}$$

que l'on comparera avec la valeur observée :

$$\left(\frac{G}{c_H}\right)_{\text{observé}} = \frac{6{,}67\,.\,10^{-8}}{3{,}13\,.\,10^{-18}} = 2{,}13\,.\,10^{10} \qquad \text{(c.g.s.)}\,.$$

Ce résultat doit donc être considéré comme une excellente *vérification de la théorie*, et plus particulièrement de notre modèle gravitationnel.

f) Variation de G avec le temps.

L'un des caractères les plus nouveaux des résultats précédents est la variation de la valeur de G avec le temps, encore que plusieurs chercheurs aient fait cette suggestion au cours des récentes années.

Cette diminution de G est cependant très lente par rapport aux durées observables habituelles ; avec (17) :

$$\frac{\Delta G}{G} = -\ 10^{-8} \text{ par siècle}\,.$$

Il est utile de rappeler ici que, aussi bien dans la théorie newtonienne qu'en Relativité générale, la valeur de G *n'est pas déduite* de la théorie, mais est introduite « de l'extérieur », comme une simple constante d'intégration des équations proposées pour rendre compte des phénomènes gravitationnels.

Comme l'exige une théorie vraiment *unitaire*, nous avons procédé ici à une analyse microscopique du phénomène gravitationnel, déduisant les interactions du mécanisme même de création du champ, au niveau de chaque source (les nucléons). C'est ce procédé qui nous a permis de calculer la valeur de G à partir des constantes fondamentales c, h et Ω_0 de la théorie.

3. Comparaison à la Relativité générale.

a) *Le mouvement géodésique.*

Reprenons les équations générales de l'espace *sub-observable* sous forme géométrique (Chap. I, § 3). Elles s'écrivent :

(20) $$R_{\alpha\beta} - \tfrac{1}{2} R g_{\alpha\beta} + \Lambda g_{\alpha\beta} = -\ T_{\alpha\beta} = -\ \xi^2 \rho_u^2\, u_\alpha\, u_\beta$$

avec :

$$\rho_u = \rho + j\tilde{\rho} .$$

Rappelons que cet espace sub-observable est à $g_{\alpha\beta}$ *complexes.* Le vecteur vitesse unitaire u_α est lui-même complexe, nous l'écrirons :

(21) $$u_\alpha = \hat{u}_\alpha + j\tilde{u}_\alpha .$$

De la conservation de $T_{\alpha\beta}$:

$$\nabla_\alpha T^\alpha_\beta \equiv 0$$

on tire :

(22) $$\begin{cases} (a) \quad \Box^2 \rho_u - \xi^2 \rho_u^3 = 0 \\ (b) \quad u^\alpha \nabla_\alpha u_\beta = 0 \end{cases} \qquad (\alpha, \beta = 1 \text{ à } 4) .$$

(22 *b*) exprime le mouvement géodésique *à la fois* des partons et des tachyons. Ces équations (22 *b*) se décomposent en effet elles-mêmes en deux, en tenant compte de (21), et fournissent *deux réseaux couplés de géodésiques*, l'un décrivant la distribution de $\hat{u}_\alpha$, l'autre de $\tilde{u}_\alpha$.

Comme tout mouvement des partons ou des tachyons doit se traduire par une énergie-impulsion *réelle*, les partons (masse propre réelle) suivent les géodésiques $\hat{u}_\alpha$, tandis que les tachyons (masse propre imaginaire) suivent les géodésiques $\tilde{u}_\alpha$. Le produit de la masse propre par le vecteur vitesse unitaire associé à la particule, qui exprime l'impulsion-énergie, reste donc réel dans les deux cas.

Nous trouvons ici l'explication du fait qu'une particule de matière non chargée (neutron par exemple), composée de partons uniquement, ne suive pas une géodésique de l'espace électrostatique, mais uniquement une géodésique de l'espace gravitationnel. Inversement un électron, qui est un tachyon, décrit dans son mouvement une géodésique $\tilde{u}_\alpha$ de l'espace électrostatique, mais n'est pas couplé aux géodésiques $\hat{u}_\alpha$ de l'espace gravitationnel (§ 2 *c*).

Le couplage par interaction faible entre matière et potentiel électrostatique (cas du proton), dont nous parlerons au chapitre VII qui suit, correspond au cas :

$$\hat{u}_\alpha \equiv \tilde{u}_\alpha$$

dans la région de couplage ; partons et tachyons suivent alors des trajectoires géodésiques communes.

Le calcul des géodésiques dans le champ de partons constituant l'espace gravitationnel pourra s'effectuer comme en Relativité générale.

Compte tenu de la complexité des calculs dans le cas général, on pourra faire choix d'un système de référence particulier (coordonnées isothermes, voir réf. 2, par exemple) ; on admettra aussi que les $g_{\alpha\beta}$ s'écartent peu de ceux $\eta_{\alpha\beta}$ caractérisant l'espace « vide ». On développera alors les $g_{\alpha\beta}$ par rapport à un paramètre scalaire constant λ et des termes variables de la forme $h_{\alpha\beta}$, $\lambda h_{\alpha\beta}$ restant toujours petit vis-à-vis de l'unité :

$$g_{\alpha\beta} = \eta_{\alpha\beta} + \lambda \underset{1}{h}_{\alpha\beta} + \lambda^2 \underset{2}{h}_{\alpha\beta} + \cdots . \tag{26}$$

Après substitution de (26) aux $g_{\alpha\beta}$ dans (22), et en limitant les équations aux termes du premier ordre $\underset{1}{h}_{\alpha\beta}$, on obtient finalement :

$$\lambda\Box^2 \underset{1}{\gamma}_{\alpha\beta} = -2\,T_{\alpha\beta} = -2\,\xi^2\,\rho_g^2\,u_\alpha\,u_\beta \qquad (\alpha, \beta = 1 \text{ à } 4) \tag{27}$$

avec :

$$\begin{cases} \underset{1}{\gamma}_{\alpha\beta} = \underset{1}{h}_{\alpha\beta} - \frac{1}{2}\eta_{\alpha\beta}\,\underset{1}{h} \\ \underset{1}{h} = \eta^{\alpha\beta}\,\underset{1}{h}_{\alpha\beta} . \end{cases}$$

Les solutions de ces équations (27), que nous ne rechercherons pas ici, fourniront les valeurs des $\underset{1}{\gamma}_{\alpha\beta}$, à partir desquelles on obtiendra l'expression (26) des $g_{\alpha\beta}$, et finalement les équations des géodésiques décrites par les partons dans le champ de partons (espace gravitationnel) :

$$\frac{\mathrm{d}^2 y^\alpha}{\mathrm{d}t^2} + \Gamma^\alpha_{\beta\sigma}\frac{\mathrm{d}y^\beta}{\mathrm{d}t}\frac{\mathrm{d}y^\sigma}{\mathrm{d}t} = 0 \qquad (\alpha, \beta, \sigma = 1 \text{ à } 4) .$$

Comme en Relativité générale on trouvera que l'accélération $\mathrm{d}^2y^i/\mathrm{d}t^2$, pour tout parton du champ, est indépendante de la masse propre du parton considéré et proportionnelle à $\partial \mid \rho_g \mid / \partial y^i$, où $\mid \rho_g \mid$ est le potentiel créé par la source du champ gravitationnel, tel qu'il est fourni par (6).

Le calcul des géodésiques s'effectuerait de même pour le mouvement des partons *dans la matière du nucléon* (espace des interactions fortes). On retrouverait ainsi les résultats du chapitre III, paragraphe 7, relatif à la distribution des vitesses angulaires de rotation autour de l'axe z dans la distribution à symétrie axiale, d'axe z, du nucléon à spin $\pm \frac{1}{2}\hbar$.

Enfin, le même calcul des géodésiques peut être fait *dans le champ de tachyons* (espace électrostatique) pour décrire le mouvement d'un électron dans un potentiel électrostatique.

b) *Les mouvements périhéliens et les autres effets relativistes.*

Rappelons que l'équation *complète* (III.39), d'où nous avons déduit, par approximation linéaire, l'expression (2) du potentiel gravitationnel, *n'est pas linéaire*, et s'écrit (pour un potentiel électrostatique nul, soit $b \equiv 0$) :

$$\nabla^2 a + (3\,u_c^2 + \omega_0^2)\,a + 3\,u_c\,a^2\,\mathrm{e}^{j\omega_0\tau} + a^3\,\mathrm{e}^{2j\omega_0\tau} = 0 .$$

Ceci démontre que l'onde stationnaire :

$$u_g(x, \tau) = u_c + a(x)\, e^{j\omega_0 \tau}$$

ne peut être considérée que comme une première approximation de solution de nos équations unitaires (III.37) pour le potentiel complexe $u + j\tilde{u}$:

$$(28) \qquad \begin{cases} \Box^2 u - u^3 + 3\,\tilde{u}^2 u = 0 \\ \Box^2 \tilde{u} + \tilde{u}^3 - 3\,u^2 \tilde{u} = 0 \end{cases}$$

qui, pour l'espace gravitationnel strict ($\tilde{u} \equiv 0$), se réduisent à :

$$(29) \qquad \Box^2 u - u^3 = 0\,.$$

La solution rigoureuse de (29) va bien comprendre comme partie principale le potentiel u_g fourni par (2) ; mais elle contiendra également des harmoniques de pulsation $2\,\omega_0$, $3\,\omega_0$, ..., $n\omega_0$.

On pourra écrire cette solution sous la forme d'un développement de Fourier dont les coefficients $c_i(x)$ ne seront fonction que de x (en supposant que nous choisissions toujours le référentiel propre du nucléon source du potentiel gravitationnel) :

$$(30) \qquad u_g = c_0 + c_1(x) \sin \omega_0\, \tau + c_2(x) \sin 2\,\omega_0\, \tau + \cdots.$$

Les 2 premiers termes de ce développement sont les 2 termes du potentiel gravitationnel u_g décrit par (2), comme première approximation du potentiel gravitationnel rigoureux (30).

Compte tenu de la très grande valeur de ω_0, qui vaut dimensionnellement :

$$\omega_0 = 1{,}07\,.\,10^{23}\ \mathrm{s}^{-1}$$

et du fait que ce sont les valeurs quadratiques moyennes de ρ_g qui interviennent dans notre tenseur impulsion-énergie $T_{\alpha\beta}$, nous pourrons, comme nous l'avons fait au paragraphe 1 ci-dessus pour l'approximation du premier ordre, retenir dans ρ_g fourni par (30) les valeurs quadratiques moyennes dans le temps, et moyenner également l'amplitude du potentiel sur des régions d'espace caractérisées par la longueur d'onde :

$$\lambda_0 = \frac{2\,\pi c}{\omega_0} = 1{,}76\,.\,10^{-12}\ \mathrm{cm}\,.$$

Nous obtiendrons alors, à partir de (30) : ($x = \xi \rho_0\, r$) :

$$(31) \qquad |\,\overline{u_g}\,| = \alpha_0 + \frac{\alpha_1}{r} + \frac{\alpha_2}{r^2} + \frac{\alpha_3}{r^3} + \cdots.$$

L'interaction nucléon/nucléon se calculera alors à partir de (31) de la même manière que pour l'approximation du 1er ordre, la force f à laquelle est soumise un nucléon plongé dans le potentiel gravitationnel d'un second nucléon, et dans le référentiel propre de ce dernier, s'écrivant :

$$f = -\nabla W = -k\,\nabla_r\,|\,\overline{u}_g\,| \tag{32}$$

où $|\,\overline{u}_g\,|$ est fourni par (31) et où k est une constante, identique à celle calculée pour le 1er ordre, et qui vaut donc :

$$k = n_\Sigma^2\,\xi\rho_0\,\hbar c/\sqrt{2}\,.$$

Comme cela est alors bien connu, et comme nous l'avons précisé dans T.U. p. 171 et suiv., (31-32) conduisent à des mouvements périhéliens pour les orbites d'un corps tournant autour d'un autre sous l'effet de l'attraction gravitationnelle.

Nous n'effectuerons pas les calculs, qui nécessiteraient de d'abord préciser la solution (31), dans le présent ouvrage. Nous avons montré cependant (T.U. p. 171) que le calcul pouvait conduire à des résultats plus proches des valeurs récemment observées que ne le fait le calcul classique (réf. 2) en Relativité générale, calcul où l'on ne connaît pas la forme microscopique du tenseur impulsion-énergie, et où l'on se contente donc de l'approximation $T_{\alpha\beta} = 0$ en dehors du point source du champ (métrique de Schwarzschild).

D'une manière générale, compte tenu du fait que nos équations unitaires (20), sous leur forme géométrique, sont les mêmes que celles de la Relativité générale, à ceci près qu'elles proposent une forme microscopique du tenseur impulsion-énergie $T_{\alpha\beta}$, elles conduiront à des effets observés analogues à ceux de la Relativité générale, puisque pratiquement *tous* les phénomènes observés déduits de cette théorie se placent dans le cas « extérieur », c'est-à-dire celui où $T_{\alpha\beta}$ est nul, sauf au point source du champ. On peut cependant attendre de notre théorie unitaire qu'elle soit capable de *préciser* numériquement les effets relativistes observés, puisqu'elle tient compte de la distribution d'espace-temps de $T_{\alpha\beta}$.

Nous avons retrouvé les mouvements périhéliens des orbites planétaires. On retrouverait, de la même manière, les 2 autres « vérifications » de la Relativité générale, à savoir la courbure des rayons lumineux au voisinage d'une masse gravitationnelle et le déplacement vers le rouge des raies spectrales pour un émetteur d'ondes électromagnétiques plongé dans un potentiel gravitationnel différent de celui de l'observateur.

c) *Les ondes gravitationnelles.*

L'approximation « quasi galiléenne » de nos équations (20) pour l'espace gravitationnel nous a conduit aux équations (28) :

$$\lambda\Box^2 \underset{1}{\gamma_{\alpha\beta}} = -2\,T_{\alpha\beta} = -2\,\xi^2\,\rho_g^2\,u_\alpha\,u_\beta \qquad (\alpha, \beta = 1 \text{ à } 4) \tag{33}$$

où $\underset{1}{\gamma}_{\alpha\beta}$, qui caractérise les $g_{\alpha\beta}$ de l'espace gravitationnel, joue pratiquement le rôle d'un potentiel gravitationnel.

Dans le cas général (33) nous montre donc bien que le potentiel gravitationnel est *de nature ondulatoire*. Il est vrai que la Relativité générale ne retiendra que les solutions *statiques* de (33) pour calculer l'interaction gravitationnelle ; mais nous savons, grâce à notre description microscopique du phénomène, pourquoi cette approximation statique est acceptable : c'est *le carré* de l'amplitude de cette onde qui figure dans $T_{\alpha\beta}$ et, compte tenu de la très grande valeur de la pulsation ω_0 de l'onde gravitationnelle, on pourra se contenter de ne considérer que l'énergie quadratique moyenne, ce qui revient finalement à ne retenir que la solution statique de (33). C'est ce que nous avons fait au paragraphe 1 pour retrouver tous les phénomènes observés.

La nature ondulatoire du champ de partons joue plus généralement un rôle fondamental quand on considère ce champ sous son aspect de spin 1, comme nous l'avons fait au chapitre V, paragraphes 2 et 3. Nous avons décrit alors le *champ gravitomagnétique* et les photons gravitationnels associés à ce champ.

Nous avons aussi constaté que l'espace gravitationnel pouvait être le siège d'ondes, dont la vitesse de propagation dépend de la fréquence (Chap. V, § 3 *b* β). C'est ainsi que le mouvement oscillatoire d'un proton engendre, d'après nos résultats, non seulement une onde électromagnétique mais une onde gravitomagnétique. Cette dernière devrait pouvoir se distinguer de l'onde électromagnétique par ses effets sur une particule de matière non électrostatiquement chargée, un neutron par exemple.

Notons enfin que le potentiel gravitationnel u_g donné par (4) a pour valeur *moyenne* dans le temps la densité cosmologique u_c. Ce n'est donc pas la densité de l'espace, mais la densité *d'énergie* de l'espace (qui varie comme $(\langle u_g^2 \rangle)^{\frac{1}{2}}$), qui est modifiée par le potentiel gravitationnel de la matière.

CHAPITRE VII

LES INTERACTIONS FAIBLES

Dans le présent chapitre nous allons nous préoccuper essentiellement *du couplage* entre la matière et le potentiel électrostatique, c'est-à-dire entre les deux fonctions du point ρ et $\tilde{\rho}$ qui constituent notre potentiel complexe $\rho_u = \rho + j\tilde{\rho}$.

D'une manière générale, ce couplage est décrit par nos 2 équations couplées (II.10 *a* et 10 *b*) :

$$(1) \qquad \begin{cases} \Box^2 \rho - \xi^2(\rho^3 - 3\,\tilde{\rho}^2\,\rho) = 0 \\ \Box^2 \tilde{\rho} + \xi^2(\tilde{\rho}^3 - 3\,\rho^2\,\tilde{\rho}) = 0\,. \end{cases}$$

Nous allons d'abord rappeler le couplage déjà décrit dans les chapitres précédents, lorsque nous l'avons rencontré dans certaines des solutions examinées de nos équations unitaires.

1. Absence de couplage entre les solutions statiques.

Nous avons vu que la seule solution *statique* ($\partial/\partial t = 0$) pour le potentiel électrostatique est (III.5) :

$$\tilde{\rho} \equiv 0 \qquad (\forall x)$$

le système (1) se réduisant alors à :

$$\Box^2 \rho - \rho^3 = 0\,.$$

Il n'existe donc aucun couplage entre les solutions statiques des distributions dans l'espace de la densité de la matière et du potentiel électrostatique. En fait, il n'existe pas d'autre potentiel électrostatique « statique » que le potentiel électrostatique identiquement nul dans tout l'espace. Par ailleurs, même la distribution de la densité de matière dans le nucléon n'est pas statique, comme nous l'avons vu, puisque cette particule est dotée d'une pulsation radiale. On peut donc dire que, dans la pratique, les solutions statiques ne correspondent à aucun des phénomènes physiques observés.

2. Absence de couplage dans la solution d'évolution.

De même dans la solution d'évolution (III.15)

$$\rho_c = -\frac{\sqrt{2}}{\xi c}\frac{1}{t + t_0}$$

relative à la densité cosmique ρ_c de l'espace dans son ensemble, il n'existe aucun couplage avec le potentiel électrostatique, qui est encore nul (au moins en moyenne) pour l'espace dans son ensemble.

3. Couplage dans l'approximation linéaire des solutions périodiques.

Les solutions périodiques de (1) peuvent s'écrire :

$$(2) \qquad \begin{cases} (a) & u(x, \tau) = u_s + a(x)\, e^{j\omega_0 \tau} \\ (b) & \tilde{u}(x, \tau) = b(x)\, e^{j\omega_0 \tau} \end{cases}$$

où u_s désigne la solution *statique* pour la densité u de la matière (Chap. III, § 8). (2) considère, rappelons-le, les valeurs *non dimensionnelles* (relations III.3 de transformation).

En substituant (2) dans (1) on trouve que les amplitudes a et b doivent satisfaire, dans l'approximation linéaire définie chapitre III, paragraphe 8, les équations :

$$(3) \qquad \begin{cases} (a) & \nabla^2 a + (3\, u_s^2 + \omega_0^2)\, a = 0 \\ (b) & \nabla^2 b + (3\, u_s^2 + \omega_0^2)\, b = 0\,. \end{cases}$$

On constate donc que, dans cette approximation :

- La densité $u(x, \tau)$ de *la matière n'est pas couplée*, ni dans sa partie statique, ni dans sa pulsation, avec le potentiel électrostatique $\tilde{u}$ susceptible d'exister simultanément avec elle dans la même région de l'espace.
- *Le potentiel gravitationnel*, qui est également décrit (Chap. VI) par une solution de type (2 a), avec $u_s = u_c$ (densité cosmique de l'espace « vide »), n'est pas couplé au potentiel électrostatique $\tilde{u}$ susceptible d'exister avec lui dans l'espace.
- Par contre, *le potentiel électrostatique est couplé* à la densité statique u_s de la distribution de matière d'un nucléon, comme on le voit dans (3 b). Le graphe 4 nous a fourni l'allure particulière que prend la distribution du potentiel électrostatique quand elle est superposée dans l'espace à la matière du nucléon (proton). Nous reviendrons sur ce cas au paragraphe qui suit.

Il existe aussi un très léger couplage du potentiel électrostatique à la densité cosmique u_c, négligeable cependant compte tenu du fait, comme nous l'avons vu, que $u_c^2 \lll \omega_0^2$.

4. Couplage dans les solutions périodiques non linéaires.

Quand on substitue des solutions du type (2) dans nos équations (1) on constate que les amplitudes a et b doivent satisfaire les relations (III.39 et 40), qui ne sont indépendantes du temps (comme l'exigent les définitions (2)) qu'en négligeant les termes $a^m\, b^n$ pour lesquels $m + n > 1$. C'est l'approximation linéaire du paragraphe 3 ci-dessus.

Ceci démontre que les solutions périodiques *rigoureuses* n'ont pas la forme simple proposée par (2), mais contiennent des harmoniques de la pulsation fondamentale ω_0, dont les amplitudes varient dans l'espace.

Compte tenu cependant :

- que les valeurs non dimensionnelles des amplitudes a et b des solutions périodiques sont, dans les cas considérés en pratique dans les phénomènes physiques, telles que : $a \ll 1$ et $b \ll 1$,
- que les relations dépendantes du temps (III.39 et 40) que devraient satisfaire a et b ne contiennent aucune dérivée partielle par rapport au temps,

nous pourrons avoir une première approximation des équations *non linéaires* que devraient satisfaire les amplitudes a et b figurant dans (2) en faisant $\tau = 0$ dans les équations (III.39 et 40). On obtient alors :

$$(4) \qquad \begin{cases} (a) & \nabla^2 a + (3\, u_s^2 + \omega_0^2 - 3\, b^2)\, a + 3\, u_s(a^2 - b^2) + a^3 = 0 \\ (b) & \nabla^2 b + (3\, u_s^2 + \omega_0^2 + 6\, u_s\, a + 3\, a^2)\, b - b^3 = 0\,. \end{cases}$$

On constate, sur ces équations, *un couplage faible*, par des termes du 2e et 3e ordre en $a^m\, b^n$, des amplitudes a et b d'oscillation des deux champs de partons et de tachyons ; c'est-à-dire, pratiquement, un couplage faible entre les particules de matière et le potentiel électrostatique (ce potentiel comprenant, bien entendu, la ou les sources qui le créent, comme nous l'avons vu au chapitre IV).

Si l'on considère, par exemple, l'équation (4 b) décrivant un électron et son potentiel électrostatique, on constate que la forme rigoureuse de cette distribution, et donc aussi la valeur $b_{x=0}$ (qui caractérise la masse propre de l'électron, voir IV.7), va dépendre des valeurs de u_s et a dans son voisinage, donc des particules *de matière* dans son voisinage. En d'autres termes, la masse *propre* d'une particule électrostatique va se modifier légèrement, suivant que se modifiera sa distance aux particules de matière qui l'entourent. Nous allons voir (§ 5) que cette modification de masse propre est équivalente à une force f appliquée à la particule dont la masse propre change au cours de son mouvement.

Nous pensons que les types d'interactions décrits aux §§ 3 et 4 entre une particule de nature électrostatique (électron, méson μ, ...) et une ou plusieurs particules de matière (neutron, méson π, ...) correspondent aux interactions physiques observées dites « *interactions faibles* ».

Nous allons nous intéresser plus spécialement à l'une d'elles : la désintégration β^-.

5. Interaction faible.

Considérons, pour fixer les idées, l'interaction faible d'un électron et d'un neutron.

Nous nous plaçons dans le référentiel propre du neutron et nous considérons le mouvement de l'électron dans ce référentiel, la masse propre m_0 de l'électron étant susceptible de varier légèrement dans le temps, en même temps que sa distance x au centre du référentiel, compte tenu du fait que cette masse propre est décrite par (4 *b*) et dépend donc de la distribution $u_s + a$ de la densité de la matière du neutron.

Soit $v = \beta c$ la vitesse de l'électron (supposé se déplacer selon l'axe x) et $f = m\,\mathrm{d}v/\mathrm{d}x$ la force qui lui est appliquée dans l'interaction faible considérée.

Compte tenu du fait que l'électron n'interagit avec le champ de partons ni par interaction forte ni par interaction gravitationnelle, et que cette interaction faible est donc le seul type d'interaction considéré ici, nous écrirons qu'il doit y avoir *conservation de la quantité de mouvement* de l'électron pendant que sa masse propre varie :

$$\frac{\mathrm{d}}{\mathrm{d}t}\left(\frac{m_0\,\beta c}{\sqrt{1-\beta^2}}\right) = 0 \tag{5}$$

ce qui fournit immédiatement pour la force f appliquée à l'électron au cours de cette interaction faible :

$$f = -\,c^2\,\beta^2(1-\beta^2)\,\frac{\mathrm{d}m_0}{\mathrm{d}x}\,. \tag{6}$$

On constate donc, comme il fallait s'y attendre, que la force d'interaction dépend non seulement de la manière dont varie la masse propre avec la distance, mais aussi de la vitesse de l'électron par rapport à la particule avec laquelle il interagit ; cette force d'interaction est nulle pour une vitesse nulle ou une vitesse égale à c.

6. Création et stabilité du proton.

On voit, sur (6), que l'accélération :

$$\gamma = \frac{f}{m_0} = -\,c^2\,\beta^2(1-\beta^2)\,\frac{1}{m_0}\,\frac{\mathrm{d}m_0}{\mathrm{d}x} \tag{7}$$

à laquelle est soumise une particule électrostatique, comme un électron ou un positron, au cours de son interaction faible avec une particule de matière, un neutron par exemple, est toujours *répulsive* dans le système propre du neutron. En effet le graphe 4 (Chap. IV), qui nous fournit la modification que subit la distribution du potentiel électrostatique de l'électron en présence de la distribution u_s de la densité de matière du neutron, nous montre que la masse propre de la particule électrostatique (exprimée par la valeur de $\tilde{u}_{x=0}$, VI.5) passe de m_0 pour l'électron seul à $1/0{,}295 = 3{,}4\,m_0$ pour la particule électrostatique accouplée à la distribution de matière. $\frac{1}{m_0}\frac{dm_0}{dx}$ est donc négatif et l'accélération γ décrite par (7) est donc positive (c'est-à-dire répulsive).

(7) nous indique cependant que si $\beta = 0$ à $x = 0$, (c'est-à-dire pour le positron au centre du nucléon), alors on a aussi $\gamma = 0$; le positron peut être « au repos » au centre du nucléon.

Ces remarques étant faites, on peut tenter de suggérer le mécanisme suivant pour le processus de *transformation du neutron en proton* (émission β^-).

L'espace vide de potentiel électrostatique dans la région de l'espace occupée par le neutron peut être considéré comme la superposition du potentiel électrostatique d'un électron et du potentiel électrostatique d'un positron, les énergies correspondant à ces 2 potentiels étant de signes contraires (Chap. IV, § 4 *a*). La « séparation » de ces 2 potentiels, prenant naissance au centre du neutron, engendre :

- un neutron auquel se superpose, au repos au centre du système propre du neutron, une distribution de potentiel électrostatique positif, comme représenté sur notre graphe 4. On obtient ainsi *un proton* ;
- une particule électrostatique correspondant au potentiel électrostatique négatif, s'éloignant du centre du référentiel, et disposant au départ de l'énergie totale $3{,}4\ m_0\ c^2$ (l'énergie dans le potentiel positif étant, comme nous l'avons vu, de $-\ 3{,}4\ \mathrm{m}_0\ c^2$). Quand cette particule s'est éloignée suffisamment du neutron pour qu'on puisse considérer que les interactions faibles décrites par (6) sont nulles, sa masse propre est devenue m_0. C'est *un électron.*

La différence d'énergie ($2{,}4\ m_0\ c^2$) entre l'énergie initiale de l'électron ($3{,}4\ m_0\ c^2$) et son énergie propre quand il est libre ($m_0\ c^2$), est répartie dans :

- l'accroissement de masse propre du nucléon au cours de ce processus (Chap. IV, § 7),
- l'énergie potentielle dépensée par l'électron dans le potentiel électrostatique du proton,
- l'énergie cinétique de l'électron,
- l'énergie cinétique d'une autre particule (neutrino) qui, comme nous allons le voir, est créée en même temps que l'électron.

Le neutron peut être considéré comme formant un système *stable* avec le potentiel électrostatique *positif* (et non le négatif) car ce potentiel contribue à *diminuer la masse propre du neutron*, et donc à l'amener à un niveau d'énergie propre plus faible. Rappelons que ce modèle nous a permis de calculer la différence de masse propre observée entre le neutron et le proton à 6 % près (Chap. IV, § 7). Les mêmes remarques conduisent à penser que, dans le cas des antiparticules (antineutron), qui sont définies par des valeurs négatives de leur densité propre (notre axiome 12), c'est au contraire le potentiel électrostatique négatif (d'énergie positive) qui conduira à diminuer la masse propre de l'antiparticule, et donc à constituer avec elle un système stable. C'est bien ce que confirme l'observation, avec l'antiproton notamment.

Il faut enfin noter que notre relation (6), déduite de la conservation de la quantité de mouvement pour la trajectoire d'espace de la particule électrostatique interagissant faiblement avec la matière, n'a pas cependant tenu compte de la *conservation du moment cinétique de rotation* (spin) entre l'état initial où les 2 potentiels électrostatiques positif et négatif sont *superposés* dans l'espace, et l'état final où ces 2 potentiels sont *dédoublés* : un spin $\pm \frac{1}{2}$ étant affecté *à chaque* particule associée dans un champ de tachyons à un potentiel électrostatique, l'opération de « dédoublement », qui a fait passer au centre du référentiel propre au neutron de la particule de masse nulle, mais de spin $\pm \frac{1}{2}$, associée à un potentiel électrostatique nul algébriquement, à *deux* particules électrostatiques, associées respectivement au potentiel électrostatique positif du proton et au potentiel électrostatique négatif de l'électron, a visiblement introduit un supplément de moment cinétique de rotation égal à un spin demi-entier. Un tel spin ne peut être emprunté que par une particule supplémentaire, participant au « dédoublement » des deux potentiels, et précisément créée par une partie de l'énergie disponible au cours de cette opération de dédoublement.

Nous pensons que c'est *un neutrino* (Chap. III, § 1) qui intervient ainsi dans le processus de création du proton à partir d'un neutron, justifiant la relation bien connue :

$$N \rightarrow P + e^- + \nu .$$

Bien entendu, dans la création d'un antiproton à partir d'un antineutron, où c'est de l'énergie *négative* qui est emportée par une particule « cachée », c'est un antineutrino et non un neutrino qui doit intervenir :

$$\overline{N} \rightarrow \overline{P} + e^+ + \overline{\nu} .$$

Notons encore, pour terminer ce court chapitre sur les interactions faibles, que nous avons ainsi dénommé, d'une manière générale, l'interaction entre les particules de nature électrostatique (tachyons) et les particules de nature matérielle (partons), interaction décrite par le couplage entre nos équations (1).

Le cas examiné ci-dessus, relatif à la création du proton à partir d'un neutron, est en fait un cas « limite » de l'interaction faible, il concerne une interaction où les deux particules occupent *une même* région de l'espace. L'énergie totale mise en jeu dans ce type d'interaction est, comme nous l'avons constaté, de 3,4 $m_0 c^2$, donc de l'ordre de grandeur des énergies mises en jeu dans l'interaction électrostatique. Ce type d'interaction ne deviendra vraiment « faible » (c'est-à-dire de l'ordre de $10^{-10} m_0 c^2$) que pour des particules électrostatiques interagissant avec des particules matérielles hors de la frontière Σ de ces particules matérielles. On voit alors, sur (4 *b*), que la présence de la (ou des) particule matérielle dans le potentiel électrostatique ne modifiera que très peu ce potentiel, et donc très peu la valeur de la masse propre de la particule électrostatique à la source de ce potentiel.

L'étude de l'interaction faible, dont nous nous sommes contentés de donner ici la définition, en l'appliquant à l'exemple relativement simple de la création du proton, ne sera pas entreprise dans le présent ouvrage.

CHAPITRE VIII

LE MODÈLE COSMOLOGIQUE

Partant de notre postulat cosmologique (axiome 13) et de la solution d'évolution de notre équation unitaire (II.3), fournissant la densité cosmique ρ_c caractérisant l'espace « vide » (III.15) :

$$(1) \qquad \rho_c = -\frac{\sqrt{2}}{\xi c}\frac{1}{t+t_0}$$

nous allons maintenant déduire le modèle unique décrivant l'Univers *dans son ensemble*.

1. Les équations cosmologiques.

Considérons nos équations unitaires (II.1) sous leur forme géométrique :

$$(2) \qquad R_{\alpha\beta}-\tfrac{1}{2}Rg_{\alpha\beta}+\Lambda g_{\alpha\beta}=-T_{\alpha\beta}=-\xi^2\langle\rho_u^2\rangle u_\alpha u_\beta=-\xi^2\langle\rho^2-\tilde{\rho}^2\rangle u_\alpha u_\beta$$

avec le potentiel complexe ρ_u satisfaisant :

$$(3) \qquad \begin{cases} \Box^2\rho_u-\xi^2\rho_u^3=0 \\ \rho_u=\rho+j\tilde{\rho}\,. \end{cases}$$

Notre axiome (13) (principe cosmologique), qui postule l'homogénéité et l'isotropie de l'Univers dans son ensemble, permet comme on le sait (réf. 2) de choisir un *repère absolu* d'espace-temps dans lequel on peut décrire la variation dans le temps du rayon d'ensemble R de l'espace.

La métrique déduite du postulat cosmologique peut s'écrire (voir, par exemple, réf. 2, p. 255 et suiv.) :

$$(4) \qquad ds^2=c^2\,d\tau^2-R^2(\tau)\,[(dy^1)^2+(dy^2)^2+(dy^3)^2]\left(1+\frac{Kr^2}{4}\right)^{-2}$$

où $R(\tau)$ est une fonction réelle de la durée τ, représentant le rayon spatial de l'Univers dans son ensemble à chaque instant τ de la durée. K est un coefficient numérique, qui peut prendre l'une des 3 valeurs + 1, 0 ou − 1, suivant le signe de la courbure K/R^2 de l'espace à un instant donné :

Si $K = +1$ l'espace est sphérique (ou elliptique) et fermé.
Si $K = 0$ l'espace est euclidien, et ouvert.
Si $K = -1$ l'espace est hyperbolique, et ouvert.

Les coordonnées d'espace y^i ($i = 1, 2, 3$) et $r = \sqrt{(y^1)^2 + (y^2)^2 + (y^3)^2}$ sont dans (4) *sans dimension*, en les rapportant à chaque instant à la valeur de $R(\tau)$. La valeur dimensionnelle des coordonnées est ainsi $y^i R(\tau)$.

La métrique (4) fait donc choix d'un axe absolu *des durées* τ. Le principe cosmologique suppose qu'un tel axe absolu puisse être défini en chaque point de l'Univers spatio-temporel. Nous dirons que l'Univers est rapporté à un *référentiel absolu espace-durée* $(r, c\tau)$.

En donnant aux $g_{\alpha\beta}$ leurs valeurs de la métrique (4) les équations (2) fournissent, comme il est bien connu, les quatre équations différentielles cosmologiques simultanées que doivent satisfaire le rayon R et le tenseur impulsion-énergie $T_{\alpha\beta}$:

$$(5) \quad \begin{cases} 2\dfrac{R''}{R} + \left(\dfrac{R'}{R}\right)^2 + \dfrac{Kc^2}{R^2} - \Lambda c^2 = c^2\, T_i^i \qquad (i = 1, 2, 3) \\ 3\left(\dfrac{R'}{R}\right)^2 + 3\,\dfrac{Kc^2}{R^2} - \Lambda c^2 = c^2\, T_4^4 \end{cases}$$

où la notation « prime » indique une différentiation par rapport à la durée τ.

2. Le tenseur impulsion-énergie.

Rappelons d'abord nos relations (II.6, 7 et 8) relatives aux composantes du tenseur *normal* impulsion-énergie, qui est celui que nous devons considérer dans la métrique (4). En nous servant de :

$$T^\alpha_\beta = g^{\alpha\sigma}\, T_{\sigma\beta} \qquad (\alpha, \beta, \sigma = 1 \text{ à } 4)$$

les composantes *mixtes* (qui sont celles figurant dans (5)) de ce tenseur sont :

$$(6) \quad \begin{cases} T_i^i = -\,T_{ii} = -\,\dfrac{p_i^2}{\hbar^2} + \dfrac{\tilde{p}_i^2}{\hbar^2} \qquad (i = 1, 2, 3) \\ T_4^4 = T_{44} = \dfrac{W^2}{c^2\,\hbar^2} - \dfrac{\widetilde{W}^2}{c^2\,\hbar^2} \end{cases}$$

les impulsions-énergies observables étant fournies séparément dans le champ de partons ρ et dans le champ de tachyons $\tilde{\rho}$ par :

$$(7) \quad \begin{cases} \dfrac{W^2}{c^2} - \displaystyle\sum_{i=1}^{3} p_i^2 = \hbar^2\, \xi^2\, \rho^2 \\ \dfrac{\widetilde{W}^2}{c^2} - \displaystyle\sum_{i=1}^{3} \tilde{p}_i^2 = \hbar^2\, \xi^2\, \tilde{\rho}^2\,. \end{cases}$$

Ceci posé, il est essentiel de bien voir que nous ne devons considérer ici, pour les faire ensuite entrer dans les équations (5), que les valeurs de l'impulsion-énergie :

- considérées *en moyenne* pour l'Univers dans son ensemble,
- qui influencent, par leur présence dans l'espace, la valeur R du rayon de courbure de l'espace *dans son ensemble*.

Nous allons considérer séparément, par rapport à ces deux critères, les impulsions-énergies dans le champ de partons et dans le champ de tachyons, afin de déterminer les valeurs de T_i^i et T_4^4 à introduire dans les équations cosmologiques (5).

a) *Impulsions-énergies cosmologiques dans le champ de partons.*

C'est ici l'impulsion-énergie se rapportant à la *densité cosmique* ρ_c emplissant l'espace « vide » qui va jouer le rôle prépondérant. Elle satisfait parfaitement les 2 critères ci-dessus. Comme les partons qui sont associés à ρ_c sont « au repos », par définition, dans le référentiel espace-durée, les composantes de $T_{\alpha\beta}$ se rapportant à la densité cosmique sont :

$$(8) \qquad \left\{ \begin{array}{l} \sum_{i=1}^{3} p_i^2 = 0 \\ \dfrac{W^2}{c^2} = \hbar^2 \, \xi^2 \, \rho_c^2 \, . \end{array} \right.$$

Les nucléons, qui sont tels que leur densité de matière est nulle sur leur frontière Σ, ne peuvent influencer la courbure de l'Univers dans son ensemble : ce sont des « singularités » où l'espace possède, sur des volumes très réduits ($\simeq 10^{-39}$ cm^3), un rayon de courbure très petit ($\simeq 10^{-13}$ cm). Notons que ces « singularités » et l'espace « vide » se raccordent continûment, puisque la courbure riemannienne scalaire :

$$R = \xi^2 \, \rho^2 + 4 \, \Lambda$$

satisfait sur la frontière Σ du nucléon ($\rho = 0$) :

$$\left(\frac{\mathrm{d}R}{\mathrm{d}x}\right)_\Sigma = \left(2 \, \xi^2 \, \rho \, \frac{\mathrm{d}\rho}{\mathrm{d}x}\right)_\Sigma = 0 \, .$$

Le potentiel gravitationnel, que nous avons calculé (Chap. VI) au moyen d'équations postulant que ce potentiel vient se raccorder, à distance infinie de la source, à la densité cosmique ρ_c, ne peut donc non plus influencer la valeur du rayon de l'Univers *dans son ensemble* ; ou, plus exactement, si cette influence existe elle est déjà prise en compte par la valeur de ρ_c. Le potentiel gravitationnel produit seulement des sortes de « bosses » étendues, modifiant *localement* le rayon de courbure de l'espace dans son ensemble.

b) *Impulsions-énergies cosmologiques dans le champ de tachyons.*

Le potentiel électrostatique, dont la moyenne est nulle à l'échelle de l'Univers entier (Chap. III, § 3), ne joue lui non plus aucun rôle pour la détermination du rayon de courbure de l'espace dans son ensemble. Il en est de même, bien entendu, des *particules électrostatiques*, comme l'électron, qui sont indissociables de leur potentiel électrostatique.

Reste le *champ électromagnétique*, qui, sous la forme d'une densité d'énergie du *rayonnement noir*, peut effectivement contribuer aux composantes du tenseur normal impulsion-énergie pour l'Univers dans son ensemble.

Cette densité d'énergie du rayonnement noir vaut :

$$aT^4$$

où $a = 7{,}62\ 10^{-15}$ c.g.s. est la constante de Stephan et T la température absolue. La composante $\tilde{W}^2$ du tenseur impulsion-énergie se rapportant au rayonnement noir vaut donc :

$$\tilde{W}^2 = \Omega_0^2 (aT^4)^2 . \tag{9}$$

Comme, d'autre part, nous venons de voir que $\tilde{\rho} \equiv 0$ en moyenne pour l'espace dans son ensemble, on a, avec (7), dans le champ de tachyons :

$$\tilde{p}_i^2 = \frac{1}{3}\,\frac{\tilde{W}^2}{c^2} \tag{10}$$

en admettant, comme on le fait pour le rayonnement noir :

$$\tilde{p}_1 = \tilde{p}_2 = \tilde{p}_3 .$$

Finalement, avec (6), (8), (9) et (10) on voit que les composantes mixtes du tenseur impulsion-énergie à faire figurer dans nos équations cosmologiques (5) sont :

$$\left\{\begin{aligned} T_i^i &= \frac{1}{3}\,\xi^2 \left(\frac{aT^4}{c^2}\right)^2 \\ T_4^4 &= \xi^2 \left[\rho_c^2 - \left(\frac{aT^4}{c^2}\right)^2\right] . \end{aligned}\right. \tag{11}$$

3. La solution cosmologique unique.

Avec la valeur (1) imposée pour la variation dans le temps de la densité cosmologique par nos équations unitaires, et les expressions (11) pour $T_{\alpha\beta}$, les équations cosmologiques (5) s'écrivent :

$$(12)\quad \begin{cases} 2\dfrac{R''}{R} + \left(\dfrac{R'}{R}\right)^2 + \dfrac{Kc^2}{R^2} - \Lambda c^2 = \dfrac{1}{3}\xi^2 c^2 \left(\dfrac{aT^4}{c^2}\right)^2 \\ 3\left(\dfrac{R'}{R}\right)^2 + 3\dfrac{Kc^2}{R^2} - \Lambda c^2 = \dfrac{2}{(\tau + \tau_0)^2} - \xi^2 c^2 \left(\dfrac{aT^4}{c^2}\right)^2. \end{cases}$$

Ce système (12) admet *une solution et une seule* :

$$(13)\quad \begin{cases} \Lambda = 0 \\ K = -1 \\ R = \sqrt{\dfrac{3}{2}}\, c(\tau + \tau_0) \\ \dfrac{aT^4}{c^2} = \dfrac{1}{\xi c}\,\dfrac{1}{\tau + \tau_0} \end{cases}$$

R est une fonction linéaire de la durée τ. Il est de l'ordre de grandeur du rayon d'un nucléon à l'origine des durées ($\tau = 0$, $\tau_0 \simeq 10^{-23}$ s). Pour l'âge actuel de l'Univers (VI. 19, $\tau_a = 10,1 . 10^9$ années) le rayon est de l'ordre de 10^{28} cm.

La solution (13) nous indique que la constante cosmologique Λ, que nous avions conservé dans nos équations unitaires (II. 1) afin de garder à ces équations leur plus grande généralité, est finalement nulle.

D'autre part, dans le référentiel absolu espace-durée (r, $c\tau$) que nous avons adopté ici pour décrire l'Univers dans son ensemble, nous constatons que $K = -1$, c'est-à-dire que l'espace r est hyperbolique, et donc ouvert.

Nous verrons tout à l'heure comment le choix d'un autre référentiel absolu (étendue-durée) conduira une étendue elliptique, et donc fermée, évoluant également dans la durée. Par application du principe de conservation de l'énergie à l'évolution de l'étendue (et non de l'espace) dans la durée nous pourrons obtenir une estimation de l'évolution dans la durée de la densité *de la matière*, qui ne figure pas dans (13). Nous en tirerons des remarques importantes sur la « création continue » de la matière.

4. La constante de Hubble.

Nous voulons maintenant déduire de notre modèle cosmologique (13) la valeur de la constante de Hubble :

$$c_H = \frac{v}{l}$$

exprimant la vitesse v de récession des galaxies en fonction de leur distance l (mesurée dans l'espace r du référentiel absolu espace-durée).

Comme il est bien connu (par exemple réf. 2, p. 281 et suiv.), c_H s'exprime en fonction du rayon spatial R par :

$$c_H = R(\tau_a)\frac{R'(\tau_1)}{R^2(\tau_1)} \tag{14}$$

où τ_a est la valeur actuelle de la durée (c'est-à-dire l'âge de l'Univers spatial pour l'observateur) et τ_1 l'instant de la durée correspondant à la galaxie dont on observe la récession.

En effet, comme la lumière se propage à vitesse finie, on observe une galaxie « en fuite » à distance l non pas à l'instant τ_a de l'observation mais à l'instant τ_1 où la lumière que l'on reçoit a quitté cette galaxie, donc à un instant se situant à l/c dans le passé de l'observateur. Comme le rayon R de l'espace croît avec la durée, $R(\tau_1)$ est plus petit que $R(\tau_a)$. Notons encore que (14) est valable quel que soit le modèle cosmologique considéré.

En prenant l'expression (13) obtenue pour la variation $R(\tau)$, (14) nous donne pour valeur de c_H :

$$c_H = \frac{\tau_a}{\tau_1^2}\,. \tag{15}$$

Dans l'approximation où :

$$\tau_1 \# \tau_a$$

c'est-à-dire pour des galaxies voisines ($l/R \ll 1$) on trouve pour c_H :

$$c_H = \frac{1}{\tau_a}\,. \tag{15 bis}$$

Cherchons à préciser l'expression (15) de c_H *en fonction de la distance* l de la galaxie observée (et non en fonction de τ_1).

Le problème des distances en cosmologie est malheureusement, comme on le sait, un peu ambigu. En effet :

- Si nous appelons distance de la galaxie celle qui nous sépare *actuellement* de la galaxie, mesurée dans l'espace r de l'observateur, alors :

$$l = R(\tau_a)\int_0^{r_1}\frac{\mathrm{d}r}{1 + (Kr^2/4)}$$

où r_1 est la coordonnée de la galaxie dans le référentiel espace-durée.

- Mais on peut aussi nommer distance l de la galaxie celle qui aurait séparé l'observateur de la galaxie au moment où la lumière actuellement observée *était émise*, le rayon spatial étant alors $R(\tau_1)$:

$$l = R(\tau_1) \int_0^{r_1} \frac{\mathrm{d}r}{1 + (Kr^2/4)} .$$

• Ces deux définitions de l supposent que l'on connaisse r_1. Malheureusement, nous n'avons pour le moment aucun moyen de déterminer *directement* r_1 en observant une galaxie : ce que nous pouvons très grossièrement obtenir c'est une distance D déduite de la luminosité apparente de la galaxie. Mais, comme les galaxies doivent, en principe, avoir une luminosité qui évolue avec leur âge, et que nous savons relativement peu de choses sur les galaxies « jeunes », on ne peut finalement avoir une estimation un peu précise des distances que pour les galaxies peu lointaines, et encore en faisant à leur sujet des hypothèses concernant leur luminosité « absolue ».

Pour exploiter le résultat (15) nous nous limiterons donc au cas :

$$l \ll c\tau_a$$

et nous écrirons alors simplement :

$$l \# c(\tau_a - \tau_1)$$

ce qui fournit alors pour (15) :

$$c_H = \frac{c^2\,\tau_a}{(c\tau_a - l)^2} \# \frac{1}{\tau_a} + \frac{2\,l}{c\tau_a^2} - \frac{l^2}{c^2\,\tau_a^3} . \qquad (16)$$

On voit donc que la valeur de la constante de Hubble, pour $l \ll c\tau_a$:

• est sensiblement constante et vaut $1/\tau_a$,
• augmente très légèrement avec l, comme indiqué par (16).

Les mesures actuelles de la constante de Hubble (A. R. Sandage, 1964) fournissent :

$$(c_H)_{\text{observée}} = 3{,}13 \, . \, 10^{-18}\ \mathrm{s}^{-1}$$

soit alors un « âge » τ_a de l'Univers spatial actuel :

$$\tau_a = \frac{1}{c_H} = 3{,}2 \, . \, 10^{17}\ \mathrm{s} = 10{,}1 \text{ milliards d'années} .$$

Nous comparerons nos valeurs théoriques de c_H aux valeurs observées en fonction de la distance l quand nous aurons obtenu, avec notre modèle étendue-durée, une expression de c_H *quel que soit* l (graphe 6).

5. Constante de Hubble et constante de la gravitation.

Rappelons (Chap. VI, § 2 *e*) que nous avons obtenu entre G et c_H le rapport théorique (indépendant du temps), qui tient compte de (15) :

$$\frac{G}{c_H} = 2{,}12.10^{10} \text{ c.g.s.}$$

que l'on comparera avec la valeur actuellement observée pour ce rapport :

$$\left(\frac{G}{c_H}\right)_{\text{observée}} = \frac{6{,}67.10^{-8}}{3{,}13.10^{-18}} = 2{,}13.10^{10} \text{ c.g.s.}$$

Nous avons ici une excellente vérification, à la fois de notre modèle gravitationnel et de notre modèle cosmologique.

6. Le référentiel étendue-durée.

Dans le prolongement des idées relativistes habituelles nous avons, dans ce qui précède, appliqué le principe cosmologique (axiome 13) dans un référentiel espace-durée (r, $c\tau$), et postulé ainsi que l'Univers spatial était homogène et isotrope quand la durée s'écoule.

Nous avons cependant constaté, en développant notre modèle cosmologique, que la forme géométrique de l'Univers était en partie fournie par la densité d'énergie du rayonnement noir, c'est-à-dire par une sorte de « gaz de photons » (voir, par exemple réf. 15, p. 246) composé de photons interagissant entre eux.

Or les interactions entre photons n'ont *pas lieu dans l'espace r*, mais dans *l'étendue* η définie par ds = 0 (métrique habituelle de Minkowski).

Cette étendue η est d'ailleurs également la « tranche » d'espace-temps accessible à tout observateur à travers le rayonnement électromagnétique à chaque instant. Toutes les informations se propageant à vitesse *finie*, l'espace r (au moins pour $r \neq 0$) n'est jamais perçu dans l'instant présent, mais seulement lorsqu'il est déjà dans le passé de l'observateur.

Par ailleurs, un fait *très remarquable* est que l'Univers ne présente pas à l'observation, au moins en moyenne, de changements très notables lorsqu'on compare son état à quelques millions d'années-lumière à son état à quelques milliards d'années-lumière, en dépit des efforts qui ont été faits pour essayer de démontrer que, comme on aurait pu s'y attendre, l'Univers observé à de plus grandes distances dans l'étendue devrait être « plus jeune », et donc sensiblement différent de l'Univers tel qu'il apparaît pour les galaxies voisines de la nôtre.

On peut donc valablement se demander si le postulat cosmologique d'isotropie et d'homogénéité de l'Univers *ne correspondrait pas mieux à l'observation* s'il était appliqué non pas à ce qu'on nomme « espace » (axes imaginaires orthogonaux à l'axe des temps réel dans le référentiel de Minkowski) mais à ce qu'on peut désigner comme *l'étendue* η (« coupe » $ds = 0$ dans le référentiel de Minkowski).

Un premier pas a déjà été fait dans cette direction en matière cosmologique, en choisissant pour axe particulier des temps l'axe des durées τ.

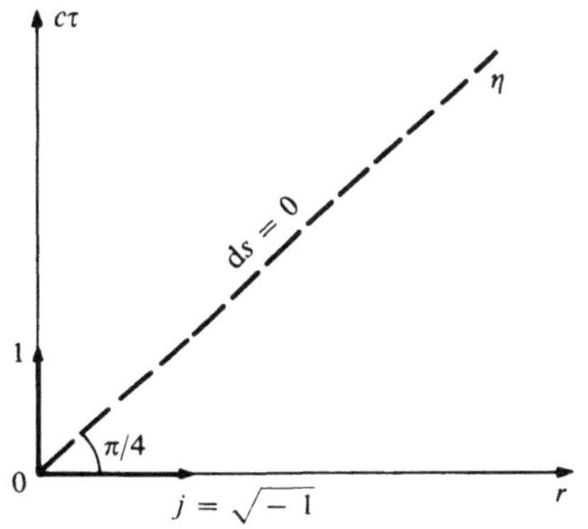

Référentiel espace-durée

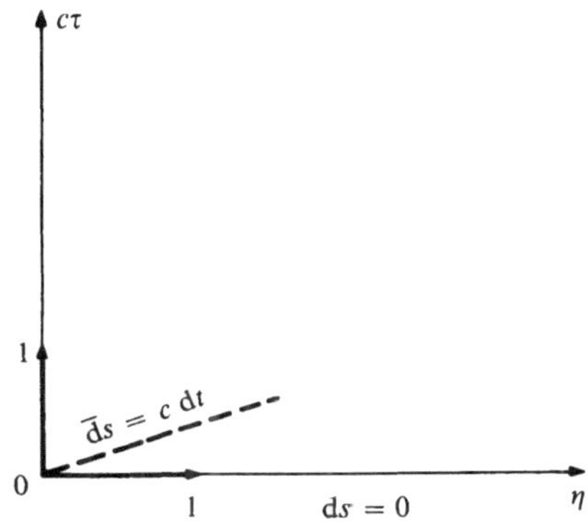

Référentiel étendue-durée

Avec ce premier pas nous abandonnons le « relativisme » à l'échelle de *l'Univers entier*, puisque nous admettons qu'il est possible de faire choix d'un référentiel privilégié unique définissable en chaque point de l'espace-temps, le référentiel espace durée $(r, c\tau)$ introduit par le postulat cosmologique appliqué à l'espace r.

Nous pensons que, si nous sommes en droit de faire choix d'un référentiel *absolu* pour décrire l'Univers dans son ensemble, alors c'est plus valablement *à l'étendue* η, correspondant à la « coupe » $ds = 0$ du référentiel cosmologique espace-durée, que doit s'appliquer le principe cosmologique, et nous préciserons le domaine d'application de notre axiome 13 comme suit :

Axiome 13. — *Principe cosmologique unitaire.*

L'étendue de l'Univers est homogène et isotrope pour un observateur au repos relativement au mouvement moyen de la matière dans son voisinage.

Notre nouveau référentiel étendue-durée est alors caractérisé (T.U. p. 198 et suiv.) par une métrique $\overline{ds}^2$ qui s'écrit :

$$(17) \quad \overline{ds}^2 = c^2\, dt^2 = c^2\, d\tau^2 + R^2(\tau)\, [(d\eta^1)^2 + (d\eta^2)^2 + (d\eta^3)^2] \left[1 + \frac{K\eta^2}{4}\right]^{-2}.$$

Certes, ce référentiel $(\eta, c\tau)$ est *absolu*, et ne peut pas servir pour décrire les phénomènes de manière relativiste, c'est-à-dire tels qu'ils apparaissent à l'observation quel que soit le choix du système de référence. Mais c'était déjà le cas du référentiel absolu espace-durée. De tels référentiels doivent leur existence au principe cosmologique, qui permet de les définir ; ils ne servent que pour décrire l'Univers *dans son ensemble.*

On note que la métrique (17) est à vecteurs de base *tous réels.* Ceci ne doit nullement nous étonner : l'observateur est capable de prendre conscience de l'écoulement de sa propre durée, et de la mesurer comme un phénomène réel (donc axe $c\tau$ réel) ; et, par ailleurs, l'étendue électromagnétique que nous venons de définir est celle de notre Univers électromagnétique, observable dans son ensemble à chaque instant de la durée, donc dont l'observateur prend également conscience comme d'une étendue réelle (axe η réel).

La variation élémentaire dl dans l'étendue, que nous nommerons variation de la distance l d'un point quelconque M de coordonnée η dans l'étendue s'écrira, à l'instant τ de la durée :

$$\mathrm{d}l = R(\tau)\left[1 + \frac{K\eta^2}{4}\right]^{-1} \mathrm{d}\eta\,. \tag{18}$$

Par ailleurs, la variation élémentaire dt *du temps* t (à ne pas confondre ici avec la durée τ) est immédiatement fournie par la métrique (17) :

$$\overline{\mathrm{d}s} = c\,\mathrm{d}t\,.$$

Nous appellerons *vitesse absolue* $\mathcal{V}$ dans ce référentiel absolu étendue-durée (η, $c\tau$) la dérivée :

$$\mathcal{V} = \frac{\mathrm{d}l}{\mathrm{d}t}\,.$$

Avec ces définitions on constate que :

a) Un objet *M à vitesse absolue nulle* dans ce référentiel (η, $c\tau$) est tel que :

$$\mathrm{d}l = 0$$

soit, avec (17) :

$$\overline{\mathrm{d}s}^2 = c^2\,\mathrm{d}t^2 = c^2\,\mathrm{d}\tau^2\,.$$

Pour cet objet M « au repos absolu » dans le référentiel (η, $c\tau$), son temps propre τ, c'est-à-dire sa durée, se confond avec le temps local t. Cet objet décrit l'axe $c\tau$, et n'a aucun mouvement dans l'étendue.

b) Pour un mobile M à distance l, de coordonnée η et *de vitesse absolue* c (cas d'un photon électromagnétique) on a avec (18) :

$$\mathcal{V} = \frac{\mathrm{d}l}{\mathrm{d}t} = \frac{\mathrm{d}\eta}{\mathrm{d}t}\,\frac{R(\tau)}{1 + K\eta^2/4} = c$$

c'est-à-dire, en utilisant (17) :

$$c\,\mathrm{d}\tau = 0\,.$$

Ce mobile M se déplace donc bien dans l'étendue électromagnétique η seule, il « décrit » l'axe η et n'a aucun mouvement dans la durée τ. Il interagit donc à chaque instant avec tous les mobiles en mouvement comme lui à vitesse absolue c dans l'étendue η. C'est dans cette étendue η à chaque instant τ de la durée que peut se définir la température absolue moyenne de corps noir du rayonnement électromagnétique.

7. Le modèle cosmologique dans le référentiel étendue-durée.

Nos équations unitaires :

$$R_{\alpha\beta} - \tfrac{1}{2}\,Rg_{\alpha\beta} + \Lambda g_{\alpha\beta} = -\,T_{\alpha\beta} \qquad (\alpha, \beta = 1 \text{ à } 4) \tag{19}$$

sont tensorielles et garderont donc la même forme dans notre référentiel étendue-durée, utilisant la métrique (17). Nous devrons cependant réclamer au nouveau tenseur microscopique impulsion-énergie de satisfaire :

$$\nabla_\alpha T^\alpha_\beta = 0 \qquad (\alpha, \beta = 1 \text{ à } 4)$$

que satisfait automatiquement, comme on le sait, le premier membre des équations (19).

Comme les deux référentiels espace-durée et étendue-durée ont pour *axe commun* la durée τ, nous choisirons pour $T_{\alpha\beta}$ *les mêmes* composantes (11) que celles obtenues pour le référentiel espace-durée $(r, c\tau)$.

La comparaison des métriques $\mathrm{d}s^2$ (4) et $\mathrm{d}\bar{s}^2$ (17) montre que l'on passe simplement de l'une à l'autre en changeant R en jR ($j = \sqrt{-1}$). Les nouvelles équations cosmologiques de la métrique (17) se déduisent donc des équations cosmologiques (5) de la métrique $\mathrm{d}s^2$ (4) au moyen de cette même transformation de R en jR, soit :

$$\tag{20} \begin{cases} 2\dfrac{R''}{R} + \left(\dfrac{R'}{R}\right)^2 - \dfrac{Kc^2}{R^2} - \Lambda c^2 = c^2\, T^i_i & (i = 1, 2, 3) \\[2ex] 3\left(\dfrac{R'}{R}\right)^2 - 3\,\dfrac{Kc^2}{R^2} - \Lambda c^2 = c^2\, T^4_4\,. \end{cases}$$

Les T^α_α en fonction de la durée ont, comme nous l'avons noté, les mêmes valeurs dans (5) et (20). Nous voyons donc que la seule différence entre les équations cosmologiques (5) écrites dans le système espace-durée $(r, c\tau)$ et les équations cosmologiques (20) écrites dans le système étendue-durée $(\eta, c\tau)$ est que l'on a changé K en $-\,K$ en passant de l'un à l'autre.

La solution unique du système (20-11) va donc s'écrire, par comparaison à la solution unique du système (5-11) :

$$(21)\qquad \begin{cases} \Lambda &= 0 \\ K &= +1 \\ R &= \sqrt{\dfrac{3}{2}}\, c(\tau + \tau_0) \\ \dfrac{aT^4}{c^2} &= \dfrac{1}{\xi c}\,\dfrac{1}{\tau + \tau_0}\,. \end{cases}$$

Nous avons donc les mêmes variations de R et T en fonction de la durée τ, comme nous devions nous y attendre puisque la durée est l'axe commun aux 2 référentiels dans lesquels sont écrites les équations (5) et (20). Mais *l'étendue* η *est sphérique* (*ou elliptique*) *et donc fermée*, alors que l'espace r était hyperbolique, et donc ouvert.

L'avantage principal de ce modèle étendue-durée est de pouvoir fournir une définition *de la distance* l à une galaxie qui ne dépende que de l'âge de l'Univers au moment de l'observation. On a en effet, avec (18), pour une galaxie de coordonnée η, à l'instant τ_a de l'observation :

$$l = R(\tau_a)\int_0^{\eta} \frac{\mathrm{d}\eta}{1 + (\eta^2/4)}$$

Quel que soit $\eta \in [0, \infty]$, on a ici une évaluation non ambiguë de la distance l, contrairement à ce que nous avions signalé au paragraphe 4 ci-dessus, concernant la définition de l dans le référentiel espace-durée $(r, c\tau)$.

Pour $\eta = \infty$ on trouve notamment :

$$l_{\eta=\infty} = \pi R(\tau_a)\,.$$

Nous profiterons de cette définition précise de l pour obtenir, au paragraphe 9, une expression de la constante de Huble c_H dans notre modèle étendue-durée valable *quel que soit* l (et non plus pour $l \ll c\tau_a$, comme dans (16)).

8. Conséquences du principe cosmologique unitaire.

A la base de l'esprit même de la Relativité est la croyance en une formulation possible des lois de la Nature *laissant l'observateur libre du choix de son référentiel.*

La Relativité générale, reposant sur quelques axiomes fondamentaux, comme notamment celui de la conservation de l'impulsion-énergie, démontre que les phénomènes observables se satisfont effectivement d'une forme tensorielle ou spinorielle des lois de la Nature, et permettent donc un choix arbitraire du référentiel.

Cette possibilité d'un choix arbitraire du référentiel permet en particulier à l'observateur relativiste de se *choisir lui-même comme centre de son référentiel.* L'espace et le temps sont alors comptés à partir de la position qu'il occupe, qui est, par définition, le zéro de la coordonnée d'espace et le zéro de la coordonnée temps. Le référentiel de Minkowski est un exemple d'un tel référentiel propre à un observateur.

Dans le prolongement de cette méthode utilisée pour la description des *éléments* de l'Univers on a voulu encore faire choix d'un tel référentiel du type Minkowski pour décrire cette fois-ci *l'ensemble* de l'Univers (et non plus les éléments appartenant à cet ensemble). C'est le choix du référentiel espace-durée (r, $c\tau$) que nous avons d'abord fait au début de ce chapitre.

Le référentiel espace-durée, qui choisit l'observateur comme zéro des durées, ne traduit pas cependant une caractéristique fondamentale associée à tout observateur, quand il se considère par rapport à l'Univers *dans son ensemble* : c'est le « mouvement » de l'observateur lui-même dans la durée, puisque l'ensemble de l'Univers contient un zéro des durées venant se situer à l'échelle de l'ensemble *indépendamment de tout observateur* (origine de l'Univers). Le référentiel dans lequel l'observateur doit appliquer le principe cosmologique doit donc « afficher » un instant *variable avec la durée* qui s'écoule en face du zéro des coordonnées spatiales.

Pour constater que les descriptions de l'Univers sont fondamentalement différentes suivant que l'observateur se choisit comme origine des durées ou choisit au contraire l'origine de l'Univers comme origine des durées il suffit de considérer comment devra être représentée la propagation des photons à vitesse c dans ces 2 descriptions.

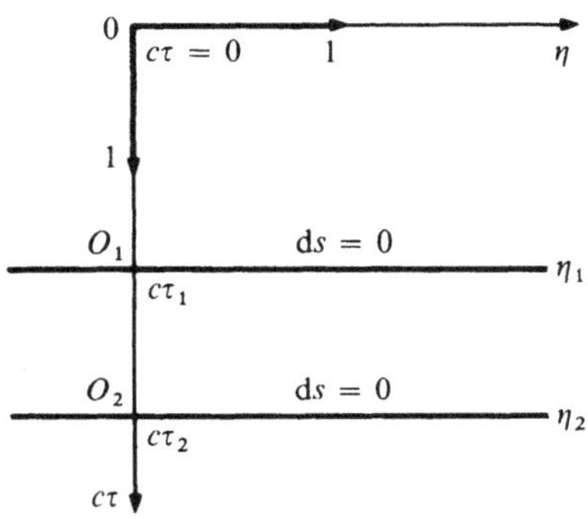

Référentiel étendue-durée

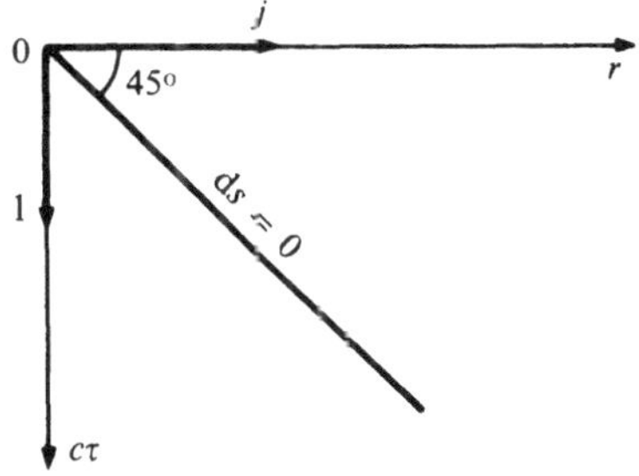

Référentiel espace-durée

Si l'observateur se choisit comme origine des durées il est dans le référentiel habituel de Minkowski, et les photons *émis* par le centre du référentiel se propagent suivant une droite à 45° des axes imaginaires d'espace r et réel de durée $c\tau$ (cône de lumière), satisfaisant la relation :

$$ds^2 = c^2\, dt^2 - dr^2 = 0\,.$$

Si, au contraire, l'observateur « décrit » l'axe $c\tau$ pendant ses observations, et occupe les positions successives O_1, O_2, ... sur cet axe, les photons émis par l'observateur O_1 à l'instant τ_1 de la durée vont « matérialiser » l'instant τ_1 en transportant l'image de cet instant τ_1 de l'observateur dans toute l'étendue de l'Univers ; il faudra donc représenter la propagation de ces photons τ_1 par une trajectoire réelle perpendiculaire à l'axe $c\tau$, puisque tout le long de cette trajectoire on doit retrouver l'instant τ_1 de la durée « universelle » (c'est-à-dire la durée évaluée par rapport au zéro unique des durées, défini par l'origine de l'Univers). Le « cône » de lumière de la description précédente devient un « plan » de lumière, perpendiculaire à l'axe $c\tau$.

Ce plan est *l'étendue* η. C'est nécessairement dans ce référentiel étendue-durée, et non dans le référentiel précédent espace-durée, où il faut se placer pour décrire *l'observable* à l'échelle de l'Univers *dans son ensemble*. Il est certes toujours possible de décrire ce que l'on observerait « si » on pouvait disposer pratiquement d'un référentiel dont l'origine serait affiché d'un instant constant de la durée universelle : mais un tel référentiel espace-durée *ne représente pas l'observable* lorsqu'il s'agit de l'Univers dans son ensemble.

Le principe cosmologique, postulant l'homogénéité et l'isotropie des phénomènes observables, *doit donc* nécessairement s'appliquer à l'étendue η, qui rassemble les photons « de même âge », c'est-à-dire matérialisant le même instant τ de la durée mesurée à l'échelle de l'Univers entier (durée universelle). Quand je reçois un photon d'Andromède ma première réaction, dans le prolongement des idées relativistes habituelles traitant des éléments de l'ensemble « Univers », est de dire que ce photon a été émis par Andromède il y a deux millions d'années dans mon propre passé (l'observateur se choisit comme origine des durées), alors que je devrais me demander : « quel âge universel avait Andromède au moment où cette galaxie a émis le photon que je viens de recevoir ? ». Un tel « âge universel » prend son sens si, et seulement si, on admet une origine absolue des durées à l'échelle de l'Univers entier. Et ce que viennent de nous apprendre les réflexions qui précèdent sur ce sujet est que l'âge d'Andromède au moment où elle émettait ce photon que je viens de recevoir *est précisément l'âge universel que je dois afficher à moi-même, observateur*, dans cet instant où je perçois le photon venu d'Andromède. On conçoit dès lors que toutes les images électromagnétiques que je reçois de l'Univers à un instant donné me fournissent des aspects de l'Univers spatial qui ont *le même âge universel* : et c'est pourquoi c'est à ces images que je veux appliquer le principe cosmologique postulant l'homogénéité et l'isotropie des phénomènes (principe cosmologique unitaire).

9. La constante de Hubble dans le référentiel étendue-durée.

Compte tenu du fait que la représentation étendue-durée (η, $c\tau$) est à vecteurs de base *tous réels*, et que la notion de distance l est ici plus claire que dans la représentation espace-durée, nous allons pouvoir obtenir une expression de la constante de Hubble c_H quel que soit la distance l.

Soit A un observateur considérant, dans le référentiel étendue-durée $(\eta, c\tau)$ d'origine O $(\eta = 0, \tau = 0)$, le mouvement d'une galaxie G de coordonnée η à l'instant τ_a de la durée.

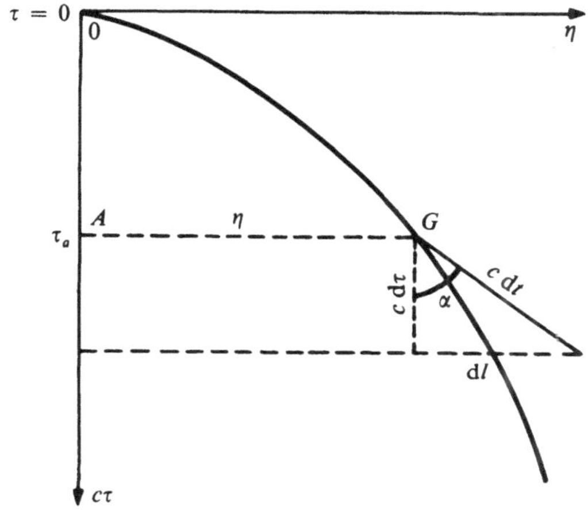

Le mouvement apparent de récession de G est dû au changement de courbure de l'étendue au cours de la durée, comme nous l'indique (14). En d'autres termes, la coordonnée *non dimensionnelle* η de la galaxie G reste constante quand la durée s'écoule, alors que sa coordonnée dimensionnelle $\bar{\eta}$:

$$\bar{\eta} = R(\tau)\, \eta$$

croît en même temps que le rayon de courbure $R(\tau)$ de l'étendue.

Nous caractériserons donc le mouvement de G par la relation :

$$\eta = \frac{\bar{\eta}}{R(\tau)} = \text{Cte} \qquad (\forall \tau)\,.$$

La métrique (17) du modèle étendue-durée s'écrit encore :

$$(23) \qquad d\bar{s}^2 = c^2\, dt^2 = c^2\, d\tau^2 + dl^2 = c^2\, d\tau^2 + \frac{d\bar{\eta}^2}{\left(1 + \frac{\bar{\eta}^2}{4R^2}\right)^2}\,.$$

On notera que, d'après (23), $c\,dt$ est un déplacement élémentaire dans le temps t tangent *à la trajectoire physique réelle* $l = f(\tau)$, et non pas tangent à la courbe représentative $\eta = \varphi(\tau)$.

Nous désignerons par α l'angle de $c\,dt$ avec l'axe absolu des durées $c\tau$ de l'observateur situé en A.

La vitesse relative $v = \beta c$ de la galaxie G par rapport à l'observateur A s'écrit :

$$\beta = \frac{v}{c} = \frac{1}{c}\frac{\mathrm{d}l}{\mathrm{d}t} = \sin\alpha \tag{24}$$

comme on le lit sur le schéma ci-contre, qui illustre la métrique (23).

Par ailleurs, puisque $c\,\mathrm{d}t$ est tangent à la trajectoire $l = f(\tau)$ de la galaxie G, nous avons :

$$\operatorname{tg}\alpha = \frac{1}{c}\frac{\mathrm{d}l}{\mathrm{d}\tau}$$

soit encore :

$$\operatorname{tg}\alpha = \frac{1}{c}\frac{\mathrm{d}l}{\mathrm{d}R}\frac{\mathrm{d}R}{\mathrm{d}\overline{\eta}} = \frac{R'}{c}\frac{\mathrm{d}l}{\mathrm{d}R} = \frac{R'}{c}\frac{1}{1+\dfrac{\overline{\eta}^2}{4R^2}}\frac{\mathrm{d}\overline{\eta}}{\mathrm{d}R}$$

et finalement, avec (22) :

$$\operatorname{tg}\alpha = \frac{R'}{c}\frac{1}{1+\dfrac{\overline{\eta}^2}{4R^2}}\frac{\overline{\eta}}{R}$$

β fourni par (24) s'écrit alors :

$$\beta = \sin\alpha = \frac{\operatorname{tg}\alpha}{\sqrt{1+\operatorname{tg}^2\alpha}} = \frac{\overline{\eta}/R}{\sqrt{\left(1+\dfrac{\overline{\eta}^2}{4R^2}\right)^2\left(\dfrac{c}{R'}\right)^2+\left(\dfrac{\overline{\eta}}{R}\right)^2}}\,. \tag{25}$$

Puisque nous avons ici $K = +1$ pour le signe de la courbure spatiale, la distance l s'exprime en fonction de la coordonnée $\overline{\eta}$ par :

$$l = 2R(\tau)\operatorname{Arc\,tg}\left(\frac{1}{2}\frac{\overline{\eta}}{R}\right)$$

soit :

$$\frac{\overline{\eta}}{R} = 2\operatorname{tg}\frac{l}{2R}$$

et (25) s'écrit donc :

$$\beta = \frac{\sin l/R}{\sqrt{\left(\dfrac{c}{R'}\right)^2+\sin^2\dfrac{l}{R}}}\,. \tag{25 bis}$$

Appliquons ce résultat à notre modèle cosmologique, où nous avons trouvé (21) :

$$R' = \sqrt{\frac{3}{2}}\, c\,.$$

Il vient :

$$\beta = \frac{v}{c} \qquad \frac{\sin l/R}{\sqrt{\sin^2 \dfrac{l}{R} + \dfrac{2}{3}}} \tag{26}$$

avec pour la variation du rayon R dans la durée τ :

$$R = \sqrt{\tfrac{3}{2}}\, c(\tau + \tau_0)\,.$$

La plus grande distance L est ici ($K = +1$) :

$$L = \pi R\,.$$

Cherchons les valeurs extrémales de β pour l variant entre 0 et L. Avec (25 *bis*) on a :

$$\frac{\mathrm{d}\beta}{\mathrm{d}l} = \frac{\left(\dfrac{c}{R'}\right)^2 \dfrac{1}{R} \cos \dfrac{l}{R}}{\left[\left(\dfrac{c}{R'}\right)^2 + \sin^2 \dfrac{l}{R}\right]^{3/2}} = 0$$

et β est maximum pour :

$$\cos \frac{l}{R} = 0$$

soit :

$$l = \frac{\pi}{2} R = \frac{L}{2}\,.$$

Il s'agit donc d'un *espace à topologie elliptique* (et non sphérique, cf. réf. 16, p. 481) : les phénomènes physiques sont symétriques par rapport à $l = L/2$. Le point à distance πR est physiquement confondu avec le point à distance $l = 0$ (c'est-à-dire l'observateur lui-même).

Ceci signifie encore que « le plus grand éloignement » du point de départ, en progressant « droit devant soi » dans l'espace, est $L/2$. En progressant encore plus avant on se rapproche du point de départ, qu'on atteint à nouveau après s'en être éloigné de la « plus grande distance » $L = \pi R$ (et non $2\,\pi R$, comme ce serait le cas sur la surface d'une sphère).

Le volume de cette étendue à topologie elliptique est, comme on le sait (réf, 2, p' 260 par exemple) :

$$V = 2\,\pi^2\,R^3\,.$$

La vitesse de récession des galaxies la plus grande β_{max} est obtenue pour $l = L/2$, et vaut :

$$\beta_{\text{max}} = \frac{1}{\sqrt{\left(\frac{c}{R'}\right)^2 + 1}} = \sqrt{\frac{3}{5}} = 0{,}775\,.$$

On ne se heurte donc pas, dans ce modèle, à la difficulté d'avoir β tendant vers 1, avec les énergies *infinies* que ceci supposerait pour les galaxies en mouvement dans les régions de l'espace où $\beta = 1$. L'énergie associée à l'expansion de l'Univers reste ici toujours finie. Le facteur relativiste $1/\sqrt{1-\beta^2}$ vaut au maximum :

$$\left(\frac{1}{\sqrt{1-\beta^2}}\right)_{\text{max}} = \frac{1}{\sqrt{1-\frac{3}{5}}} = \sqrt{\frac{5}{2}} = 1{,}58\,.$$

Ceci veut dire encore que, dans la mesure où notre modèle décrit bien l'Univers physique, si une observation de déplacement vers le rouge des raies spectrales correspond à un effet Doppler seul associé à un $\beta > 0{,}775$, alors c'est qu'une partie du déplacement observé n'est pas imputable à l'effet Doppler (cf. Chap. V, § 1*b*).

(26) fournit la valeur de la constante de Hubble :

$$c_H = \frac{c}{l}\,\frac{\sin l/R}{\sqrt{\sin^2 \frac{l}{R} + \frac{2}{3}}}\,. \tag{27}$$

Pour $l \ll R$, soit encore :

$$\sin^2 \frac{l}{R} \ll \frac{2}{3}$$

on obtient le développement de c_H en fonction de l'âge actuel τ_a de l'Univers et la distance l :

$$c_H = \frac{v}{l} = \frac{1}{\tau_a} - \frac{l^2}{9\,c^2\,\tau_a^3} + \frac{l^4}{270\,c^4\,\tau_a^5} - \cdots$$

que l'on comparera avec le développement (16) que l'on avait obtenu à partir du modèle espace-durée.

Dans les deux cas le terme du premier ordre est $1/\tau_a$; mais on notera que les termes du second ordre sont de signes inverses.

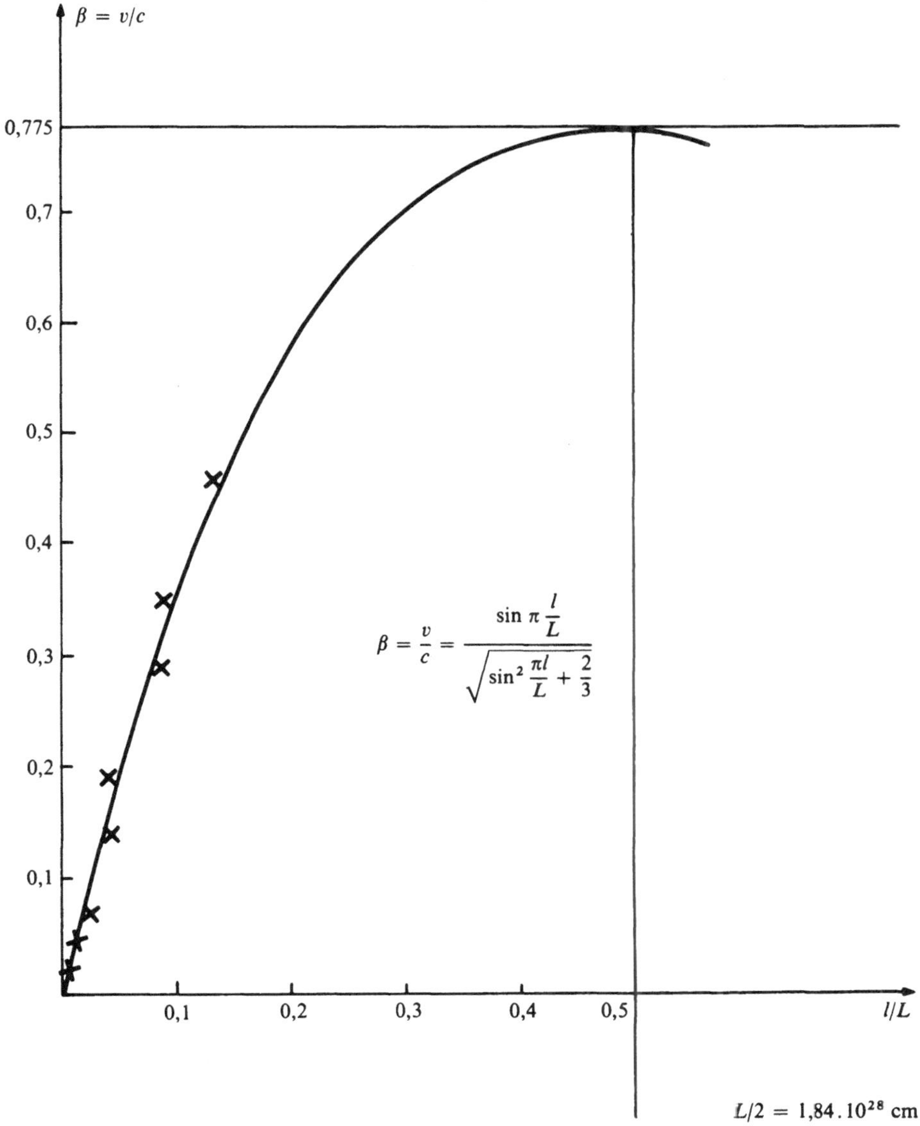

Graphe 6. — *Variation de la vitesse $v = \beta c$ de récession des galaxies en fonction de leur distance l*

Le graphe 6 représente la variation de β fourni par (26) pour l variant entre 0 et le « plus grand éloignement » $L/2$. La courbe complète entre 0 et L est symétrique par rapport à la distance $L/2$.

Nous avons marqué par des croix les observations expérimentales récentes pour lesquelles une bonne connaissance de l est obtenue. La courbe théorique est en bon accord avec les données expérimentales.

Rappelons que notre courbe théorique n'a pas été ici « normalisée » par les points expérimentaux aux distances les plus faibles. C'est la valeur de la « constante » G de la gravitation (§ 5 ci-dessus) qui nous permet de tracer *directement* la courbe théorique figurant au graphe 6.

On note que *la plus grande distance d'éloignement* $L/2$, telle qu'elle est mesurée dans l'étendue électromagnétique, est très supérieure à la « distance » $c\tau_a$ qui nous sépare dans la durée de l'origine de l'Univers ; on a numériquement :

$$\frac{L}{2} = \frac{\pi}{2} R = \frac{\pi}{2} \sqrt{\frac{3}{2}} c\tau_a = 1{,}93\ c\tau_a$$

soit encore :

$$\begin{cases} \tau_a = 10{,}1 \text{ milliards d'années} \\ L/2 = 1{,}84.10^{28} \text{ cm} = 19{,}6.10^9 \text{ années-lumière} \\ R = 1{,}17.10^{28} \text{ cm} = 12{,}5.10^9 \text{ années-lumière} . \end{cases}$$

10. La densité d'énergie moyenne du rayonnement noir.

Notre modèle cosmologique nous a fourni pour la variation dans la durée τ de la densité d'énergie *moyenne* aT^4 du rayonnement noir (13 ou 21) :

$$aT^4 = \frac{c}{\xi} \frac{1}{\tau + \tau_0} = \frac{\hbar}{\Omega_0} \frac{1}{\tau + \tau_0} . \tag{28}$$

Il est fondamental de bien remarquer qu'il s'agit avec (28) d'une *valeur moyenne*, qui considère l'ensemble des distributions de rayonnement noir à températures *très différentes* disséminées dans l'espace. Dans les étoiles la température du rayonnement noir varie entre quelques millions de degrés (Soleil) et quelques milliards de degrés (naines blanches) ; par contre, dans l'espace cosmique « vide », des mesures récentes sembleraient indiquer une température absolue de rayonnement noir de l'ordre de 3° K. L'astronomie met également en évidence de vastes nuages de matière, où la densité est nettement plus élevée que dans l'espace dit « vide », et où la température de rayonnement noir doit donc largement dépasser les 3 °K de l'espace vide ; certains de ces nuages de matière sont non lumineux, et il est difficile de deviner quelle est leur abondance véritable dans l'espace. En moyennant grossièrement, compte tenu de nos connaissances astronomiques actuelles, les densités d'énergie de ces diverses distributions de rayonnement noir, on estime habituellement que la *température absolue moyenne* correspondant à cette densité d'énergie moyenne serait de l'ordre d'*une centaine de °K*.

Notre modèle cosmologique fournit pour cette température moyenne, avec (28) :

$$T = \left(\frac{\hbar}{a\Omega_0}\right)^{1/4} \frac{1}{(\tau + \tau_0)^{1/4}}$$

soit numériquement :

$$T = 3{,}38.10^6 \frac{1}{(\tau + \tau_0)^{1/4}} \text{ c.g.s.}$$

A l'instant origine ($\tau = 0$) de l'Univers, avec la valeur :

$$\tau_0 = 2{,}06.10^{-24} \text{ s}$$

que nous obtiendrons au paragraphe 11 qui suit, on a une température :

$$T_{\tau=0} = 2{,}72.10^{12} \text{ °K} .$$

Pour $\tau_a = 1{,}01.10^{10}$ années (Chap. VI, § 2*e*), qui correspond à *l'époque actuelle*, on a :

$$T_{\tau=\tau_a} = \frac{3{,}38.10^6}{(3{,}18.10^{17})^{1/4}} = 142 \text{ °K}$$

en raisonnable accord avec les estimations déduites de l'observation (une centaine de °K) pour la densité d'énergie moyenne du rayonnement noir de l'espace.

11. La création continue de la matière.

L'un des problèmes les plus fondamentaux posé à l'astrophysique théorique d'aujourd'hui, préoccupée par les modèles cosmologiques décrivant l'Univers *dans son ensemble*, est celui de rendre compte de *l'existence même* de l'énergie observable dans l'Univers : le concept d'énergie va en effet de pair avec le principe fondamental de *sa conservation*, et celle-ci s'accorde mal avec l'idée d'une « origine » de l'Univers dans la durée, que nous laissent cependant entrevoir aussi bien l'observation de l'expansion de l'Univers que les différents modèles théoriques relativistes déduits du principe cosmologique.

Nous voulons montrer que notre modèle cosmologique, qu'il soit décrit dans le référentiel espace-durée ou dans le référentiel étendue-durée, *ne peut satisfaire le principe fondamental de conservation de l'impulsion-énergie* (*nos axiomes* 4 *et* 5) *que si* :

- l'énergie totale enfermée dans l'espace est *algébriquement nulle* à chaque instant de la durée ;
- il doit y avoir *création continue de nucléons* de matière (à un taux que nous calculerons).

Pour faire cette démonstration à partir de notre axiomatique unitaire nous devrons d'abord revenir un instant sur la manière dont l'impulsion-énergie est définie, puis s'introduit ensuite dans notre tenseur microscopique $T_{\alpha\beta}$.

Nous avons défini l'impulsion-énergie en tout point de V_4 comme un opérateur agissant sur la densité d'action U :

$$(\xi\hbar\rho_u\, u_\alpha) = (-\, j\hbar\partial_\alpha) \qquad (\alpha = 1 \text{ à } 4) \tag{29}$$

où ρ_u est le potentiel complexe et u_α le quadrivecteur vitesse unitaire.

En comparant les descriptions de l'espace-temps proposées par notre formalisme géométrique (basé sur $\nabla_\alpha T^\alpha_\beta = 0$, notre axiome 4) et notre formalisme quantique (basé sur $\partial \int U\,\mathrm{d}\tau = 0$, notre axiome 5) nous avons obtenu une forme microscopique du tenseur $T_{\alpha\beta}$:

$$T_{\alpha\beta} = \xi^2 \langle \rho_u^2 \rangle u_\alpha\, u_\beta$$

et constaté que c'était *le carré* de l'opérateur (29) définissant l'impulsion-énergie qu'il fallait faire agir sur notre fonction densité d'action U pour obtenir, comme valeurs propres, *les carrés* W^2 et p_i^2 de l'énergie et de l'impulsion observables :

$$\mathbf{I}_\alpha^2 . U = \langle (-\, j\hbar\partial_\alpha)^2 \rangle\, U = \langle (\xi\hbar\rho_u\, u_\alpha)^2 \rangle\, U\,.$$

Ceci a d'abord montré que $\mathbf{I}_\alpha$, déterminé par son carré $\mathbf{I}_\alpha^2$, pouvait posséder *les* 2 *signes* + ou − : on savait déjà, avant la Relativité, qu'il pouvait en être ainsi pour les impulsions p_i ; on a constaté, avec la formulation relativiste géométrique, que ceci était vrai également *pour les énergies*, et qu'il fallait considérer, à côté des énergies propres positives « habituelles », des énergies propres négatives. L'interprétation de ce résultat fait l'objet de notre axiome 12, concernant la distinction entre matière et antimatière au moyen du signe de la densité de la matière.

Mais le fait que le formalisme géométrique n'utilise, avec la forme obtenue par $T_{\alpha\beta}$, que *les carrés* W^2 et p_i^2 de l'impulsion-énergie, entraîne que notre relation de conservation :

$$\nabla_\alpha T^\alpha_\beta = 0$$

est beaucoup plus une conservation au niveau *des éléments géométriques* de l'espace-temps V_4 qu'au niveau des éléments *physiques* comme l'impulsion et l'énergie. $T_{\alpha\beta}$ s'écrit en effet encore :

$$T_{\alpha\beta} = Ru_\alpha\, u_\beta$$

où R est la courbure riemannienne scalaire de V_4 :

$$R = \xi^2 \langle \rho^2 - \tilde{\rho}^2 \rangle\,.$$

Comme on le voit, R ne change pas si ρ (ou $\tilde{\rho}$) est changé en $-\rho$ (ou $-\tilde{\rho}$). R ne change de signe que quand on passe d'une valeur réelle du potentiel ρ à une valeur imaginaire. En d'autres termes, $\nabla_\alpha T^\alpha_\beta = 0$ n'établit pas un bilan conservatif de l'impulsion-énergie, mais un bilan conservatif *des carrés* des composantes de l'impulsion-énergie, c'est-à-dire finalement de la courbure scalaire R. On devrait donc, plus justement, nommer la relation $\nabla_\alpha T^\alpha_\beta = 0$ *relation de conservation de la courbure scalaire de l'espace-temps*, ou en tout cas conservation de $T_{\alpha\beta}$ (comme nous l'avons fait dans notre axiome 4) et non pas conservation de l'impulsion-énergie, comme cela pouvait être quand on ne considérait que des énergies positives.

Mais, dans ce cas, où donc tient-on compte, dans notre axiomatique unitaire, du bilan algébrique de l'impulsion-énergie, *qui doit aussi être conservatif* ? C'est visiblement par l'intermédiaire de notre axiome 5, relatif à l'action *stationnaire*. L'action est en effet une énergie multipliée par un temps, ou une impulsion multipliée par une longueur : énergie et impulsions sont donc ici « comptabilisées » *avec leurs signes*, contrairement à ce que fournit l'axiome 4.

En résumé nous constatons donc que :

- l'axiome 4 est capable de nous fournir *un modèle géométrique* de l'espace-temps, sans se préoccuper de la conservation de l'impulsion-énergie (conservation de la courbure scalaire seulement) ;
- *des relations supplémentaires* (déduites de l'axiome 5) seront nécessaires pour imposer à ce modèle géométrique la conservation de l'impulsion-énergie.

Les descriptions que nous avons nommées géométrique et quantique de l'espace-temps dans notre chapitre II sont donc en fait non pas équivalentes mais plutôt *complémentaires*. La description géométrique seule est incomplète au niveau du bilan impulsion-énergie. La description quantique seule est incomplète au niveau de la géométrie de l'espace.

Un exemple important de la manière dont ces 2 descriptions se complètent l'une l'autre pour nous offrir une meilleure connaissance des phénomènes présents dans l'espace-temps concerne *le spin des particules*.

Tant que la Mécanique Quantique faisait entrer seulement l'énergie (et non son carré) dans son formalisme (équation de Schrödinger) elle demeurait incapable de découvrir le spin des particules, car celui-ci se déduit précisément de la distribution (à symétrie axiale) de la courbure riemannienne scalaire de l'espace au point où est localisée la particule, c'est-à-dire se déduit d'éléments géométriques (voir Chap. III). Ces éléments géométriques ont été ensuite introduits par l'équation de Dirac, qui fait intervenir *le carré* de l'énergie dans son formalisme (*). Mais cette équation de Dirac, que l'on peut donc ainsi

(*) Le carré de l'énergie apparaît en fait explicitement dans l'équation de Klein-Gordon, dont l'équation de Dirac est une forme linéarisée.

considérer comme fournissant un modèle géométrique de l'espace-temps à partir des distributions de W^2 et p_i^2, ne se préoccupe cependant nullement de conserver le bilan d'impulsion-énergie ; elle n'autorise même pas un choix entre les 2 signes possibles de l'énergie ou de l'impulsion correspondant au phénomène physique qu'elle cherche à décrire. C'est seulement quand on écrira ensuite (axiome 5) que ce modèle doit *aussi* assurer la conservation de l'impulsion-énergie qu'on découvrira le spin propre de la particule décrite, et alors comme un élément *nécessaire*. Formellement, on écrira que les opérateurs linéaires décrivant le moment cinétique orbital total de la particule, de la forme :

$$(zp_y - yp_z)$$

dans un champ de force central doit être intégrale première du mouvement. Ces nouvelles relations ne sont naturellement pas contenues explicitement dans l'équation de Dirac (qui dérive de notre axiome 4), mais dans l'axiome 5 d'action stationnaire.

Un autre exemple important va nous être maintenant fourni, *au niveau cosmologique* cette fois.

Notre modèle cosmologique est obtenu à partir de la valeur de $T_{\alpha\beta}$, c'est-à-dire à partir d'éléments *géométriques* relatifs à la distribution de la courbure dans l'espace-temps. C'est parce que ce tenseur ne se préoccupe pas du bilan de l'impulsion-énergie que nous avons pu négliger, pour établir notre modèle cosmologique, *l'existence des nucléons* présents dans l'espace, car ceux-ci n'interviennent pas (comme nous l'avons montré) dans la détermination de la géométrie de l'espace *dans son ensemble* (alors qu'ils interviennent naturellement dans le calcul de *l'énergie* contenue dans l'espace).

Mais maintenant, une fois le modèle cosmologique géométrique obtenu, nous devons appliquer à ce modèle notre axiome 5, c'est-à-dire *lui imposer la conservation de l'impulsion-énergie* au cours de l'écoulement de la durée.

Ceci va à son tour, comme nous allons le constater, *imposer la création continue des nucléons* comme un élément nécessaire de la description ; exactement de la même manière que l'opérateur de spin propre de l'électron ou du nucléon était apparu comme un élément nécessaire pour conserver l'impulsion-énergie dans le modèle relativiste (c'est-à-dire géométrique) fourni par l'équation de Dirac pour décrire une particule.

La conservation de l'énergie pour le volume total V de l'Univers spatial dans son ensemble, au cours de l'écoulement de la durée τ, va ainsi s'écrire :

$$\frac{\mathrm{d}}{\mathrm{d}\tau}\int_V D\,\mathrm{d}v = \frac{\mathrm{d}}{\mathrm{d}\tau} W_V = 0$$

où D désigne la densité de l'énergie en chaque point de l'espace contenu dans V.

Ceci s'écrit encore :

$$W_V = W_{\tau=0} = W_0 = \text{Cte} \qquad (\forall\tau)\,.$$

Afin d'éviter de devoir justifier l'existence même (c'est-à-dire la « création ») de cette énergie W_0 nous serons tout naturellement conduits à poser, puisque nous en avons le droit :

$$W_0 = 0$$

ce qui entraîne que la densité *moyenne* $\overline{D}$ de l'énergie dans l'espace, évoluant dans la durée τ, doit continuellement satisfaire :

(30) $$\overline{D} = 0 \qquad (\forall\tau)\,.$$

Nous devons alors passer à nouveau en revue les éléments présents dans l'espace de notre modèle cosmologique, en nous plaçant cette fois-ci au point de vue de leur contribution *à la densité moyenne* $\overline{D}$ *d'énergie de l'espace* (et non plus à la contribution de ces éléments *à la géométrie* d'ensemble de l'espace, comme nous l'avons d'abord fait lors de la recherche du $T_{\alpha\beta}$ à introduire dans les équations cosmologiques, paragraphe 2 ci-dessus).

Il y a d'abord les éléments dont nous avons déjà tenu compte dans le modèle, à savoir :

$c^2\,\rho_c$ densité de l'énergie cosmique (négative).
aT^4 densité d'énergie moyenne du rayonnement noir (positive).

Il faut ajouter :

$c^2\,\rho_M$ densité d'énergie propre des nucléons de matière de l'espace (positive).

$\sum D_\varepsilon$ différentes densités d'énergie emplissant l'espace, chacune étant cependant très petite par rapport à $c^2\,\rho_M$: énergie propre des électrons, énergie électromagnétique, énergie gravitationnelle, énergie cinétique (dont celle liée à l'expansion de l'espace), énergie négative des particules d'antimatière...

On vérifie aisément que toutes ces dernières énergies sont très petites vis-à-vis de $c^2\,\rho_M$, en tenant notamment compte du fait que chacune d'elles est grossièrement proportionnelle à ρ_M.

L'énergie gravitationnelle totale associée à un nucléon est, par exemple : $n_\Sigma\,\rho_c\,\Omega_0\,c^2/\sqrt{2}$ où ρ_c désigne la densité cosmique ($\rho_c = 4{,}26 . 10^{-27}$ g/cm^3), l'onde gravitationnelle possédant une amplitude $n_\Sigma\,\rho_c$ sur la frontière $\sum$ du nucléon (Chap. VI). Or on a bien :

$$n_\Sigma\,\frac{\rho_c}{\sqrt{2}}\,\Omega_0\,c^2 \ll \mu_0\,c^2$$

où μ_0 est la masse propre du nucléon.

L'énergie cinétique associée à un nucléon participant à l'expansion de l'Univers vaut *au maximum* (§ 9 ci-dessus) 0,58 $\mu_0 c^2$; cette énergie cinétique maximum ne concerne que les nucléons situés « à l'autre bout » de l'espace (distance $l = L/2$), et l'énergie cinétique *moyenne* d'un nucléon de l'espace due à l'expansion est donc également négligeable vis-à-vis de $\mu_0 c^2$.

Compte tenu de nos connaissances astronomiques *actuelles*, il semble qu'on puisse donc négliger les énergies regroupées ci-dessus sous l'appellation $\sum D_\varepsilon$ devant l'énergie totale représentée par les nucléons de matière présents dans l'espace. Nous admettrons donc ici :

$$\sum D_\varepsilon \ll \rho_M c^2$$

et nous écrirons alors (30) sous la forme :

$$c^2 \rho_c + aT^4 + c^2 \rho_M = 0 \qquad (\forall \tau) . \tag{31}$$

En tenant compte des valeurs obtenues pour ρ_c et aT^4 (1 à 13) en fonction de τ, ceci nous fournit pour la densité moyenne ρ_M des nucléons de l'espace :

$$\rho_M = \frac{\sqrt{2} - 1}{\sqrt{2}} \rho_c = (\sqrt{2} - 1) \frac{aT^4}{c^2} = \frac{(\sqrt{2} - 1)}{\xi c} \frac{1}{\tau + \tau_0} . \tag{32}$$

En appliquant la relation (31) à l'instant $\tau = 0$, défini comme simultané avec la naissance du premier nucléon, de masse propre μ_0, nous pouvons calculer notre constante d'intégration τ_0 :

$$\mu_0 c^2 + 2 \pi^2 R^3 \frac{1}{\xi c} \frac{1}{\tau + \tau_0} - 2 \pi^2 R^3 \frac{\sqrt{2}}{\xi c} \frac{1}{\tau + \tau_0} = 0$$

relation qui, pour $\tau = 0$ et $R = \sqrt{\frac{3}{2}}\, c(\tau + \tau_0)$, fournit :

$$\tau_0 = \left[\frac{1}{2 \pi^2 \frac{3}{2} \sqrt{\frac{3}{2}} (\sqrt{2} - 1)} \frac{\xi \mu_0}{c^2} \right]^{1/2}$$

et numériquement :

$$\tau_0 = 2{,}06 . 10^{-24} \text{ s} . \tag{33}$$

On notera que $c\tau_0 = 6{,}18 . 10^{-14}$ cm est proche de la valeur de notre longueur élémentaire l_0 :

$$l_0 = \left(\frac{3 \Omega_0}{4 \pi} \right)^{1/3} = 6{,}6 . 10^{-14} \text{ cm}$$

ce qui confirme notre relation (III.20) entre l_0 et μ_0.

Nous pouvons maintenant calculer numériquement, à partir de (31), l'accroissement du nombre N de nucléons présents dans l'Univers en fonction de la durée τ, ainsi que la masse matérielle totale constituée par les nucléons présents dans l'étendue :

$$
\begin{aligned}
M &= 2\pi^2 R^3 \rho_M = 2\pi^2 \left(\sqrt{\frac{3}{2}}\right)^3 (\sqrt{2}-1)\frac{c^3}{\zeta}(\tau+\tau_0)^2 \\
N &= \frac{M}{\mu_0} = 2\pi^2 \left(\sqrt{\frac{3}{2}}\right)^3 (\sqrt{2}-1)\frac{c^3}{\mu_0\,\xi}(\tau+\tau_0)^2 \\
\frac{\mathrm{d}N}{\mathrm{d}\tau} &= 4\pi^2 \left(\sqrt{\frac{3}{2}}\right)^3 (\sqrt{2}-1)\frac{c^3}{\mu_0\,\xi}(\tau+\tau_0) \\
\frac{1}{V}\frac{\mathrm{d}N}{\mathrm{d}\tau} &= \frac{1}{\mu_0}\frac{\mathrm{d}\rho_M}{\mathrm{d}\tau} = -\frac{(\sqrt{2}-1)}{\xi c\mu_0}\frac{1}{(\tau+\tau_0)^2} \\
V &= 2\pi^2 R^3 = 2\pi^2\left(\sqrt{\frac{3}{2}}\right)^3 c^3(\tau+\tau_0)^3 .
\end{aligned}
$$

Pour *la valeur actuelle de* τ, soit (VI.18) :

$$\tau_a = 1{,}01.10^{10} \text{ années} = 3{,}18.10^{17} \text{ s}$$

on obtient numériquement :

$$
(34) \qquad
\begin{aligned}
\rho_M &= 1{,}25.10^{-27} \text{ g/cm}^3 \\
V &= 3{,}16.10^{85} \text{ cm}^3 \\
M &= 3{,}96.10^{58} \text{ g} \\
N &= 2{,}37.10^{82} \\
\frac{\mathrm{d}N}{\mathrm{d}\tau} &= 1{,}47.10^{65} \text{ nucléons/s} \\
\frac{\mathrm{d}M}{\mathrm{d}\tau} &= 2{,}46.10^{41} \text{ g/s} \\
\frac{1}{V}\frac{\mathrm{d}N}{\mathrm{d}\tau} &= 4{,}65.10^{-21} \text{ nucléons/cm}^3\text{/s} \\
\frac{1}{V}\frac{\mathrm{d}M}{\mathrm{d}\tau} &= 0{,}78.10^{-44} \text{ g/cm}^3\text{/s} .
\end{aligned}
$$

On constate que le taux de création continue de matière par cm^3 et par s : $0{,}78.10^{-44}$ g/cm^3/s est le même que celui qui avait été obtenu par Bondi, Gold et Hoyle dans leur théorie de la création continue.

Le processus de création paraît donc être extrêmement lent aux échelles d'espace et de temps auxquelles nous sommes habitués : en moyenne un nucléon par litre d'étendue et par milliard d'années. Mais, à l'échelle de l'Univers entier, le taux de création est très important :

$$\frac{dM}{d\tau} = 2{,}46 . 10^{41} \text{ g/s}$$

soit l'équivalent de 100 millions de soleils créés par seconde !

Nous retrouvons donc ici des résultats tout à fait analogues à ceux relatifs à la théorie de la création continue déjà proposée par plusieurs chercheurs : mais avec ici l'avantage fondamental d'un processus de création qui non seulement est compatible avec la conservation de l'énergie mais encore *qui est imposé par la conservation de l'énergie à l'échelle de l'Univers entier.*

Il resterait, bien entendu, à décrire quel est le *processus microscopique qui donne ainsi naissance aux nucléons* de l'espace. Un tel processus fondamental, s'il existe, devrait nécessiter des études théoriques et expérimentales approfondies, et nous nous limiterons donc à avoir indiqué qu'il était non seulement autorisé mais encore imposé par notre formalisme unitaire.

Signalons enfin que les mêmes remarques faites au paragraphe 10 sur la densité d'énergie moyenne aT^4 du rayonnement noir sont à faire ici concernant la densité *moyenne* ρ_M de la matière. Cette densité n'est pas celle de l'espace dit « vide » (ou presque), mais une moyenne des densités de matière dans cet espace vide, dans les différents corps cosmiques, et dans les immenses nuages de matière disséminés dans l'étendue. La valeur *moyenne* de $1{,}25 . 10^{-27}$ g/cm^3 obtenue ici est alors en accord raisonnable avec les estimations actuelles de l'astronomie théorique et expérimentale.

CONCLUSION

L'analyse numérique des solutions des équations unitaires obtenues à partir de notre axiomatique permet de dégager les conclusions essentielles suivantes :

- A partir des équations et de nos 3 constantes fondamentales c, h et Ω_0, nous avons obtenu *un ensemble de valeurs numériques*, relatives aux caractéristiques des phénomènes observables, allant du microscopique au cosmologique, qui *toutes* sont compatibles avec les grandeurs réellement observées.
- *Tous les différents types d'interactions* ont pu être déduits d'*un même système d'équations*, ce qui traduit le caractère « unitaire » de la théorie, mettant en évidence les mécanismes microscopiques et les relations mutuelles entre ces mécanismes.
- Les solutions ont également fait apparaître un certain nombre de *phénomènes nouveaux*, qui devraient pouvoir faire l'objet d'investigations théoriques et expérimentales plus approfondies, afin d'être confirmés, puis précisés.

On trouvera, à la fin de l'ouvrage, un tableau rappelant les différents résultats numériques obtenus, et leur comparaison aux valeurs observées.

L'excellent accord obtenu pour *l'ensemble* des valeurs théoriques et observées constitue sans doute le meilleur élément de validation de la théorie. Nous croyons cependant que les vérifications les plus probantes de la théorie sont :

- Le rapport m_0/e^2 entre la masse propre de l'électron et le carré de la charge électrique élémentaire, obtenu à 1/1 000 près.
- La différence entre les masses propres du neutron et du proton, obtenue à 6/100 près.
- Le rapport G/c_H entre la constante de la gravitation et la constante de Hubble, obtenu à 1/100 près par rapport à la meilleure estimation actuelle de la constante de Hubble.

Parmi les phénomènes ou les mécanismes *nouveaux* déduits de la théorie, il semble qu'on doive plus particulièrement mettre l'accent sur l'aspect *ondulatoire* des potentiels électrostatique et gravitationnel. Il faut aussi insister sur les équations décrivant l'état de spin maximum 1, qui paraissent révéler la possibilité d'un champ magnétique statique engendré par une distribution de matière, ou une distribution du potentiel gravitationnel, ne possédant pas une symétrie rigoureusement sphérique. Rappelons que nous avons notamment posé, à ce sujet, les équations qui devraient pouvoir fournir le moment magnétique du neutron, équations dont l'analyse numérique n'a cependant pas été effectuée dans le présent ouvrage.

Nous n'avons volontairement pas abordé ici en détail la question du *probabilisme* associé aux phénomènes observables ; nous nous sommes contentés d'indiquer au chapitre V, paragraphe 8, comment s'interprétait dans notre théorie la complémentarité onde/corpuscule. Nous reprendrons ce problème dans un travail ultérieur. Nous aurons probablement à nous inspirer des travaux de Louis de Broglie sur la « dynamique du guidage ».

L'excellent accord des premiers résultats de l'analyse numérique de nos équations unitaires avec les données expérimentales encourage à procéder à une analyse encore plus complète de ces équations. Nous pensons que l'ordre de priorité de ces *investigations nouvelles* pourrait être le suivant :

- Calcul des moments magnétiques du neutron et du proton (éq. (V.13 et 14)).
- Etude générale des solutions d'évolution des équations couplées :

$$\begin{cases} \square^2 u - u^3 + 3\,\tilde{u}^2 u = 0 \\ \square^2 \tilde{u} + \tilde{u}^3 - 3\,u^2 \tilde{u} = 0 \end{cases}$$

  pour la recherche des états instables de u et $\tilde{u}$.
- Justification des états probabilistes observés à partir du déterminisme sub-observable (voie de Broglie-Vigier ou à partir de nos équations (V.7 et 10)).
- Perfectionnement du formalisme de l'axiomatique de base (pour un espace riemannien complexe, Chap. I, § 3).

Ce qu'il y a peut-être de plus remarquable dans notre Théorie unitaire c'est qu'elle accomplit, sans l'avoir voulu au départ, *la synthèse* d'un certain nombre d'*idées-force* présentées en Physique théorique au cours des récentes décennies.

On retrouve ici les idées de John A. Wheeler sur la « geometrodynamics », l'espace étant représentable en géométrie riemannienne comme un « interface » où les entités physiques pourraient se définir et évoluer sur les 2 faces (wormholes), et où le champ de neutrinos jouerait un rôle fondamental. Bien entendu, on retrouve aussi les recherches pour une description causale des mécanismes quantiques, reprises assez curieusement ces dernières années par les premiers pionniers du « probabilisme », dont E, Schrödinger et L. de Broglie. Notre idée des « partons », assimilables à des points mathématiques de l'espace doués de masse, aurait été difficilement soutenable sans l'impact déjà fourni à cette idée par Richard F. Feynman, de Cal. Tech. Si Gerald Feinberg, mécontent de la dissymétrie relativiste n'admettant que des vitesses inférieures à c, n'avait pas montré que des vitesses supérieures à c étaient compatibles avec la Relativité, aurait-on pu soutenir avec autant de conviction l'hypothèse des tachyons et des masses propres imaginaires ? Combien nous ont été précieuses les études élaborées de L. de Broglie (et d'autres chercheurs) sur les équations dérivées de la « fusion » des spins de plusieurs particules ! Et la création continue de la matière, qui nous est apparue comme une conséquence de nos équations, nous aurait sans doute semblé très « hasardeuse » si Hoyle, Bondi et Gold n'avaient pas « milité » dans cette direction au cours des 15 dernières années.

En bref, aurions-nous pu reconstituer le puzzle si les morceaux n'avaient pas déjà existé ?

L'idée-force qui nous a cependant le plus servi de guide, au cours de notre travail, est celle d'Albert Einstein, relative à la « méthode de penser » pour s'acheminer vers une théorie unitaire : partir de grands principes généraux valables pour tous les phénomènes pour aller ensuite aux phénomènes observés « de détail », et non le chemin inverse. « Une théorie peut être vérifiée par l'expérience, écrivait Albert Einstein pour illustrer ce point de vue, mais aucun chemin ne mène de l'expérience à la création d'une théorie. »

Ceci, nous l'avons toujours mieux compris au cours de la progression de notre travail. S'il paraît plus simple, dans une première étape, de chercher à interpréter un phénomène en l'isolant du tout, cette méthode ne peut cependant conduire qu'à une multitude de faits, mais *jamais* à une représentation *unitaire* des phénomènes. L'unité, c'est d'abord celle de nos mécanismes de pensée : si une théorie unitaire est possible, c'est parce que l'Homme rapporte la multitude de ses données sensorielles à un pôle unique, qui est son « Je » pensant. Et c'est en analysant toujours plus les mécanismes profonds de la pensée humaine que se dégagera une axiomatique toujours plus précise pour connaître la Nature.

Ce que nous aura appris de plus assuré notre propre recherche unitaire, c'est en tous cas ce fait que notre connaissance de la Nature, au fur et à mesure qu'elle s'approfondit, gagne sans cesse *en subjectivité*, et abandonne toujours un peu plus cet idéal d'« objectivité » qui fut celui d'une science révolue. Le Monde n'« est » pas, il est simplement ce que l'Homme est capable de penser de lui.

Orsay, 1973.

TABLEAU DES VALEURS THÉORIQUES OBTENUES

Grandeur physique	Formule	Valeur calculée c.g.s.	Valeur observée c.g.s.	Réf.
Vitesse de la lumière Constante de Planck Volume élémentaire	c h Ω_0	$2{,}998 . 10^{10}$ $6{,}624 . 10^{-27}$ $1{,}208 . 10^{-39}$	3 constantes fondamentales de la théorie	II.0
Rayon non dimensionnel du nucléon x_Σ	$u'' + \frac{2}{x} u' + u^3 = 0$ $u_0 = 1 \quad u'_0 = 0 \quad u_\Sigma = 0$	6,896 85		III.8
Volume non dimensionnel du nucléon ($4 \pi S_0$)	$S_0 = \int_0^x ux^2 \, dx$	14,191 5		III.11
Masse propre du nucléon	$\mu_0 = \frac{h}{c} \left(\frac{\pi}{6 \Omega_0} \right)^{1/3}$	$1{,}672 . 10^{-24}$	$1{,}672 . 10^{-24}$	III.21
Densité centrale du nucléon	$\rho_0 = \left(\frac{3}{4 \pi^7} \right)^{1/6} \frac{S_0^{1/2} h}{\Omega_0^{4/3} c}$	$1{,}622 . 10^{15}$	$\simeq 10^{15}$	III.30
Rayon du nucléon	$\lambda = \left(\frac{\pi}{48} \right)^{1/6} x_\Sigma \frac{\Omega_0^{1/3}}{S_0^{1/2}}$	$1{,}238 . 10^{-13}$	$\simeq 1{,}2 . 10^{-13}$	III.31
Densité moyenne du nucléon	$\rho_m = \left(\frac{3}{\pi} \right)^{7/6} \frac{1}{2^{1/3}} \frac{S_0^{3/2} h}{x_\Sigma^3 c \Omega_0^{4/3}}$	$2{,}104 . 10^{14}$	$\simeq 10^{14}$	III.32
Rapport des interactions fortes aux interactions électrostatiques sur Σ	$\left(\frac{f}{f_e} \right)_\Sigma = -\frac{1}{\alpha} x_\Sigma^2 \left(\frac{du}{dx} \right)_\Sigma$	277,9	$\simeq 100$	III.33
Excentricité de la distribution de matière dans le nucléon à spin	$\varepsilon = \frac{\sqrt{a^2 - b^2}}{a}$	0,496		III § 7
Distribution de la densité dans le nucléon	graphe 1			III § 2
Distribution des vitesses angulaires dans le nucléon	graphe 2			III § 7

Grandeur physique	Formule	Valeur calculée c.g.s.	Valeur observée c.g.s.	Réf.
Pulsation radiale (non dimensionnelle) du nucléon et de l'électron	$\omega_0 = \frac{3}{2}\frac{S_0}{x_\Sigma^3}$	0,064 (val. dim. $1{,}07.10^{23}$)		III.45
Distribution de l'amplitude de pulsation radiale dans le nucléon	graphe 3			III § 9
Rayon de l'électron	r_e	0	$\simeq 0$	IV § 2
Rayon du neutrino	r_ν	0	$\simeq 0$	III § 3
Distribution du potentiel électrostatique dans le proton	graphe 4			IV § 3
Distribution microscopique du potentiel électrostatique de l'électron	graphe 5			IV § 4
Rapport m_0/e^2	$\frac{m_0}{e^2} = \left(\frac{3^7}{4\pi}\right)^{1/6} \frac{S_0^{3/2}}{x_\Sigma^3 c^2 \Omega_0^{1/3}}$	$3{,}960.10^{-9}$	$3{,}955.10^{-9}$	IV.18
Différence de masse propre entre le neutron et le proton (ΔM)	$\Delta M = \Delta M_e + \Delta M_\mu$	− 1,37 MeV	− 1,29 MeV	IV.20
Moment magnétique de l'électron	$\mathfrak{M}_e$	± 1 m.b.	1,001 18 m.b.	IV § 8
Moment magnétique du proton (méthode approchée)	$\mathfrak{M}_p$	3,16 m.n.	2,80 m.n	IV.23
Constante de la gravitation	$G = \frac{4}{3}\left(\frac{3}{4\pi}\right)^{1/6} \frac{x_\Sigma^7 \Omega_0^{5/3} c^4}{S_0^{7/2} h^3} \frac{1}{t + t_0}$			VI.17
Constante de Hubble	$c_H = \frac{1}{t + t_0}$		$3{,}13.10^{-18}$	VIII.16
Rapport G/c_H	G/c_H	$2{,}12.10^{10}$	$2{,}13.10^{10}$	VIII § 5
Age actuel de l'Univers	$\tau_a = \frac{2{,}12.10^{10}}{G}$	$3{,}18.10^{17}$ (10,1 milliards d'années)	$\simeq$ 10 milliards d'années	VI.18
Constante cosmologique	Λ	0	$\simeq 0$	VIII.13

Grandeur physique	Formule	Valeur calculée c.g.s.	Valeur observée c.g.s.	Réf.
Signe de la courbure scalaire spatiale	K	− 1 (modèle espace-durée) + 1 (modèle étendue-durée)		VIII. 13 et VIII. 21
Vitesse de récession des galaxies en fonction de la distance	$\beta=\frac{v}{c}=\frac{\sin l/R}{\sqrt{\sin^2\frac{l}{R}+\frac{2}{3}}}$	graphe 6	graphe 6	VIII. 27
Rayon actuel de l'Univers	$R=\sqrt{\frac{3}{2}}\,c(t+t_0)$	$1{,}17.10^{28}$	$\simeq 10^{28}$	VIII § 9
Constante t_0 (origine de l'Univers)	t_0	$2{,}06.10^{-24}$		VIII. 33
Plus grande distance d'éloignement	$L/2=\pi R/2$	$1{,}84.10^{28}$	$\simeq 2.10^{28}$	VIII § 9
Densité cosmologique ($\xi = \Omega_0\, c/\hbar$)	$\rho_c=-\frac{\sqrt{2}}{\xi c}\frac{1}{t+t_0}$	$-4{,}26.10^{-27}$		VIII. 1
Densité moyenne de la matière dans l'Univers	$\rho_M=\frac{\sqrt{2}-1}{\xi c}\frac{1}{t+t_0}$	$1{,}25.10^{-27}$	$\simeq 10^{-27}$	VIII. 34
Température associée à l'énergie moyenne du rayonnement noir aT^4	$T=\frac{3{,}38.10^6}{(t+t_0)^{1/4}}$	142 °K	$\simeq$ 100 °K	VIII § 10
Volume fini de l'Univers actuel	$V=2\,\pi^2\,R^3$	$3{,}16.10^{85}$		VIII. 34
Masse matérielle de l'Univers	$\mathfrak{M}=V\rho_M$	$3{,}96.10^{58}$		VIII. 34
Nombre de nucléons dans l'Univers actuel	$N=M/\mu_0$	$2{,}37.10^{82}$		VIII. 34
Taux actuel de création continue de la matière	$\frac{1}{V}\frac{\mathrm{d}M}{\mathrm{d}t}$	$0{,}78.10^{-44}$		VIII. 34
Masse propre du graviton	$g_0=\sqrt{2}\frac{\hbar}{c^2}\frac{1}{t+t_0}$	$5{,}15.10^{-66}$	$\simeq 0$	III. 18
Masse propre du neutrino	ν_0	0	0	III § 1
Masse propre du photon en fonction du potentiel électrostatique local $\tilde{\rho}$	$p_0=\frac{\mid\tilde{\rho}\mid\Omega_0}{\sqrt{2}}$	0 pour $\tilde{\rho}\equiv 0$	$\simeq 0$	V § 3
Energie totale de l'Univers comptée algébriquement	$W_0=c^2\int_V(\rho_c+\rho_M+aT^4)\,\mathrm{d}v$	0		VIII. 31

RÉFÉRENCES

(1) Jean E. CHARON, « Cours de Théorie relativiste unitaire », Albin Michel, 1969.

(2) Jean E. CHARON, « Cours de Relativité générale », Ed. de la Grange Batelière, Paris, 1963.

(3) Jean E. CHARON, « Une équation de continuité pour la courbure riemannienne scalaire de l'espace-temps fournissant les nombres μ/m et α », C. R. Ac. des Sciences, Paris, 266-750A, 1968.

(4) Gerald FEINBERG, « Possibility of faster-than-light particles », Physical Review, 159-5-1089-1105, 1967.

(5) Louis DE BROGLIE, « Théorie générale des particules à spin (méthode de fusion) », Gauthiers-Villars, Paris, 1954.

(6) S. CHANDRASEKHAR, « Stellar structure », Dover Publications, 1957.

(7) A. S. EDDINGTON, « The internal constitution of stars », Dover Publications, 1930.

(8) Chen Ning YANG, « Elementary particles », Vanuxem Lectures, 1959.

(9) Marie-Antoinette TONNELAT, « Une nouvelle forme de théorie unitaire, étude de la particule de spin 2 », Annales de Physique, 11-17, 1942.

(10) M. A. TONNELAT, « Les phénomènes de gravitation. Etude des interactions entre la matière et la particule de spin 2 », Annales de Physique, 19, 1944.

(11) E. SCHROEDINGER et L. BASS, « Must the photon mass be zero ? », Proc. Roy. Soc., London, A232-1, 1955.

(12) L. BASS, « Radiation with a finite rest-mass and the heat balance of the Earth », Nuovo Cimento III-6, 1956.

(13) A. EINSTEIN, « Quatre Conférences sur la Théorie de la Relativité », Gauthiers-Villars, 1925.

(14) A. LICHNEROWICZ, « Théories relativistes de la gravitation et de l'électromagnétisme », Masson, 1955.

(15) Y. ROCARD, « Thermodynamique », Masson, 1952.

(16) Leopold INFELD, « On the structure of our Universe in « Albert-Einstein Philosopher-Scientist » Tudor Publ. Co, New York, 1951.

(17) Louis de BROGLIE, « La Thermodynamique de la particule isolée », Gauthiers-Villars, 1964.

(18) I. E. SEGAL, « Non-linear relativistic partial differential equations », Communication Congrès International de Mathématiques, 1966.

Imprimé en France par Lightning Source
1 avenue Gutenberg
78310 Maurepas

www.ingramcontent.com/pod-product-compliance
Lightning Source LLC
Chambersburg PA
CBHW071347230926
51846CB00002B/473
9782226324290